精準的 奢華

MSYAMING

台灣時尚教母馮亞敏的品味經營學

馮亞敏

著

時尚業的奢華是靠精準的管理得來的

許士軍

　　在一般人印象中，本書作者，被譽為「時尚教母」的馮亞敏女士，一定是外型光鮮亮麗，珠光寶氣，或者也是盛氣凌人的女強人。可是當我和她在一段時間頻繁而近身的接觸中，所感受到的，坐在面前的，卻是一位謙虛而認真的研究生。然而她的領悟能力卻每每超出我對於一般研究生的期望。

　　那大約是七、八年前的事，亞敏由一位家庭主婦決心重入職場，並選擇以代理國際時尚名牌為她的職志。經歷一段時間後，她決心到新加坡國立大學亞太EMBA碩士學位課程進修。在這班上同學中，幾乎都是亞太地區——尤其中國大陸——各行各業之高階主管，恰好那也是我在那班上任教最後幾年。由於我們都是來自台灣的背景，因

此亞敏除了在我所任教的行銷方面課程班上外，並讓我有機會更進一步擔任她的學位論文——在新加坡國立大學稱為 Advanced Study Project，而不是國內所稱的碩士論文——的指導教授。由於學校在政策上鼓勵學生以他們在職場生涯中切身相關的問題作為論文主題，因此，亞敏所選擇的就是有關代理國際時尚多品牌的經營策略和管理問題。

由於這一緣故，在每次討論中，我們所談的，幾乎都是亞敏身為事業創辦人所親身感受在策略和管理上的實務問題，不但言之有物，坦白地說，我從她身上所學到的，遠比我能指導她的更多。回憶中，每次她到我南海路研究室的時光都是十分有收穫而愉快的。

這些年來，我和亞敏在許多場合中仍然有碰面的機會，這使得我在閱讀這本《精準的奢華》時，發現這本書中所談的，仍然可以連結到多年前她在學位論文的一些想法，不過經過了這些年，這些想法經過她的身體力行和實務驗證，自然更為精進和深刻。

不說別的，僅僅就本書的書名而言，我就能感受到她所要表現的核心理念。所謂「奢華」不是價格上的昂貴，而是一種品味上的淬鍊。這種品味源自她童年和少女時期的夢想，也得自她從現實生活中的體驗，更發自她對人生

所懷的愛心和信任。從這些源頭中，使她所講求的品味
並沒有隨波逐流，或只是追求時髦而已；反之，在任何時
候，她都掌握了自己的信念，發揮自己的創意。最能表現
這種堅持的一句經典，就是「代理，不是殖民」這句話。

　　一般人常將品味或奢華歸之於感性的表現，然而本書
中，作者處處都強調經營時尚業不能疏忽的「理性」要
素；也就是經營時尚業所講求的，並不是只有美麗衣飾和
伸展台，或是只是悅耳的音樂和派對。反之，在她的經驗
中，從事時尚業必然要經歷有更多的憂慮、痛苦和折磨。
要禁得起這種考驗，他發現，在時尚業裡，成功人士多半
是要求完美，嚴以律己，沒有這種特質的人，是走不下去
的。

　　譬如在選擇所要代理的品牌時，她說：「千萬不能糾
結於愛不釋手的情緒中，要以最理性冷靜的判斷力處理事
情。」以她代理她所喜愛的Maison Margiela品牌經驗而
言，開始就曾遭受一次嚴重的失敗。事後檢討，就是由於
「讓感性的情緒蓋過了理性的判斷」──失敗在對品牌的
迷戀。因此當她在做這種選擇前，她一定會帶著公司的人
分析品牌的市場價值，然後才做最後決定。

　　其次，在許多人的腦海裡，時尚和管理乃代表兩種互
不相容的觀念：時尚是浪漫的，飄浮不定的，而管理是限

制性和要求明確的。然而在本書中，作者卻強調管理乃是
她從事時尚業的成功要素：這就如同喜愛某種服務不等於
就會經營這一服務業，喜愛時尚不等於就會經營這一產
業，其間差距即在於你要加入管理這一要素，她說出：
「懂得管理，才是代理最重要的一哩路」這句話。我想，
當亞敏在她事業正在快速成長之際，卻毅然投下兩年寶貴
時間就讀新加坡國立大學管理碩士課程，就是要充實她在
管理方面的知識，並且和許多經驗豐富的各行各業同學有
切磋機會。

　　總之，承亞敏要我為她這本書寫幾句話，心想以我這
樣一個對時尚業外行的人，所能做的，只是將我從這書中
所感受到的一點心得，略抒己見而已，但真正有價值並令
人感動的，乃是亞敏做人做事的認真精神，和對於時尚這
一產業的熱愛和投入，在這種心態下，她在書中所寫下的
經驗和領悟一定是十分有價值的。

本文作者為逢甲大學人言講座教授、台灣董事學會理事長

親愛的敏妹，謝謝妳

詹仁雄

「我們一起為台灣時尚做些什麼吧！」

不管我在哪種場合遇到亞敏，聚會或偶遇，淺談或狂飲，這句話幾乎是她的結語，那對美好事物的耽溺，沒投入的人演不出來……

我與這位執迷於流行的小姐，結識時間十分久遠，遠到好像我們是一起度過青春期似的（請原諒奇怪的人青春期都特別長），那時台北街頭穿得好看的人，少得像是野生保育類種，百貨櫥窗內多是放了某種樣板動物，僅供參觀，既不危險，少了狂野，離性感總差了一些。

而亞敏給求美若渴的人們，在那個所謂流行是成套名

牌的年代，提供了走路時的另一種步伐。

在我某段奮鬥人生裡，那雙西班牙的故意不對稱的鞋，帶來不只是腳上的小幸運，而是遙遠歐洲，悠閒人生的姿態，竟可以離自己這麼近……

有一段時間，假日沿著仁愛路小店吃吃喝喝，再走到安和路馮小姐的店逛逛，是午後陽光充足時的很棒的計畫……我的意思是，幾件好衣服，幾雙好鞋子，並非重點，而是這城市有人懂你，也跟你用著一樣的比重在看待著設計，大膽卻嚴肅，引領著我走去的路線，是她想複製的心領的美好氛圍，而非虛渺的名牌崇拜……

我踏著亞敏足跡，一路冒險，隨著她在東區後巷品茗，聽日本潮流的浪聲，到信義計畫區的漂亮椅子上喝香檳，看比利時前衛的光影，還有書店下，聞巴黎燭火的香味……或者我已悄悄成為最相信她的夥伴，在流行擺盪的軌跡裡，緊跟著。

亞敏比我多一兩歲，但我總稱她敏妹，本擔心有些不夠尊敬，畢竟別人眼裡她是某位領袖，可當你看到她對夢想的堅持，她對未來的相信，那再幹練也無法偽裝的青春拚勁，你會和我同樣的放心，她是敏妹無誤。

　　最後，想跟敏妹說，辛苦了，盡情向前吧！妳的付出，已改變了許多人的美感，接下來妳舟車勞頓披星戴月的篩選，我會盡量用新台幣讓他們下架，這是哥中年後少數卻無悔的支持了，請為我們這些追隨者加油！

本文作者為知名節目製作人、野火娛樂總經理

Contents

自序　跟著我走進時尚

在電影《穿著Prada的惡魔》（*The Devil Wears Prada*）裡，有句名言：「有上百萬個女孩想搶那份工作。」（One million girls will kill for that job.）表示能進時尚業是許多人夢寐以求的工作。

時尚業之所以迷人，是因為它的美麗就像蛋糕上的鮮奶油，讓人垂涎三尺。如同電影裡，女主角安德莉亞第一次見到新主管，大開眼界的場景，她望見整間辦公室充斥著滿坑滿谷的PRADA、亞曼尼（Armani）、凡賽斯（VERSACE）等知名品牌，這讓初出茅廬的女主角，自此深深地墜入時尚產業的炫麗世界。隨著電影演進，女主角一套又一套地更換著華服，如同個人時裝秀，甚至還能從一個超大的房間「夢幻衣櫥」（closet）裡，找到許許多多令人目不暇給、光彩奪目的名牌包包、鞋子等配件。

顯然地，「夢幻衣櫥」創造了一個美麗的畫面，而這美好的房間，其實就是我所從事的產業的縮影。它的確在無形中影響了許多人，讓許多人對這個產業感到興趣，甚至懷有夢想。而大部分的職場新鮮人，就真的如同戲中的安德莉亞，認為身處時尚產業，就是穿著華服、周旋於上流社會的工作。

這讓我回溯過往面試人的經驗，發現常常會遇到對這個產業空有高度熱情，實際上卻對這個產業不甚了解的應

徵者，有些人甚至一開口就問：「這裡也有像電影裡一樣的大衣櫥嗎？」聽到這樣的詢問，我總會啞然失笑，同時產生這樣的想法：「如果能夠想清楚自己在這個行業裡的位置，人們就可以更務實。」

時尚業，是一個充滿閃耀鎂光燈，一個操控視覺、聽覺及味覺的走秀盛典，在音樂、美食與華服的流動下，似乎所有的夢想都在一個晚上同時幻化成真。

時尚業，同時是一連串的行為互動影響，從設計師、造型師、加工廠、零售店、公關與廣告公司，甚至你我，皆共同造就了時尚產業。

當然，時尚業更是一個高度全球化的行業，例如，法國的時裝公司可能在義大利生產，在瑞士完成交易，運到美國或其他國家的倉庫，然後在該國的零售店裡售出。

以上種種都是時尚業。時尚業不是只有炫目奪人的那一面，它是相當嚴謹且具有經濟產值的產業。同時，時尚也並不僅止於一件美麗的衣服，而是要藉由個性化的設計，讓人看清楚自己的行為模式，找到心裡的自己。

更重要的是，時尚從來不只是高高在上的藝術文化，它是一面反射社會狀態的鏡子。當我們談論時尚的時候，

一部社會史正栩栩如生地展開，墊肩的寬窄、裙子的長短、口紅的顏色、鞋跟的高低等，更深一層其實都代表了社會現況，它與經濟景氣的關係密不可分，景氣的好壞影響人們的生活模式與消費行為，而人們的生活模式與消費行為連帶影響時尚的整體樣貌。

然而，大多數的面試者除了產業知識貧乏之外，還存有許多幻想。面試者往往只想成為全球的國際採購，這是因為一般大眾對於時尚世界的憧憬都僅來自於能夠頻繁飛往海外、光鮮亮麗的那一面，卻忘了檢視光環背後付出的努力和堅持。事實上，成功大多來自於個人的準則與態度，這樣的態度不只局限於時尚業。

從事這一行，對於我所經歷過的挫折，或是被貼上「難搞」的標籤，我從未大放厥詞，更不會放大我的辛苦。對我而言，我並不認為那是辛苦，而是一個過程，所有的過程，其實都是讓喜事國際日後成長茁壯的養分。不過，這樣的結果，卻往往只讓大眾看到光鮮亮麗、美好的一面。

或許，時尚業就是造夢吧？這其實也是人生中非常重要的一個營養素，如果人生沒有希望、沒有夢想，就稱不上有樂趣的人生了，所以我也不想讓別人失望。

　　可是，如果想要從事這個行業，我更希望所有想要投入、想要進來的人，是要很有毅力的。除了很有毅力之外，還要具備一些商業條件，像是管理技巧、對數字的精準、對趨勢潮流的敏感度、掌握庫存的能力等，這是一個靈活度極高、與人相關的行業。就如同我上面所說的，時尚業是一連串的行為互動影響，它絕不是個人秀，而是團隊的合作。

　　早期剛進入時尚業時，我就開始參與時裝秀，並擔任控場的工作，控場考驗的就是領導力。要在時尚產業發展壯大，你就必須具備領導力。在時裝秀的過程中，每個環節都緊緊相扣，對領導力最大的挑戰便是要解決所有突發事件，面對所有突發事件都要能夠快速應變。

　　比如說，重要的花道具突然掉了，甚至被踩爛了，你要怎麼辦？這樣的突發狀況其實在現場常常發生。這時你得快速應變，找出解決方法：非要這朵花不可嗎？有沒有其他替代品？如果真的沒有這朵花，是不是可以重新弄個節奏出來？快速應變除了與反應有關，更要回歸到你是否原本就具備了藝術特質及時尚素養，如果少了之前這些訓練美感的工作累積，又容易自我設限的話，其實是辦不到的。所以，直到現在我仍保持願意學習的開放態度。

　　事實上，不管在任何產業，出類拔萃的領導者都是自

我要求很嚴格的人。同樣地，在時尚業裡，成功的人、有地位的人，也泰半是要求完美、嚴以律己的人，而非僅如外界所認知，時尚產業的人都是穿著美麗的派對女王，或者像電影、電視劇上演的那般，好像都是犀利、難搞的人。

如果大家還記得電影的劇情，就會看到，漸漸地，安德莉亞也開始融入「時尚惡魔」米蘭達所在的世界，熟悉米蘭達是如何看待事情，並向米蘭達學到在工作上的積極，就是每件事都要做到最精準、完美，米蘭達的「難搞」其實是在教會安德莉亞怎樣才能做到最好。

正因為太多人對時尚業有憧憬，也因為太多人對時尚業有誤解，所以，對於這本書的出版，我有一份期許，也有一份責任。特別是，我看著時尚行業成長，看著它發生很大的變化，也看到設計師從年輕到老、開始交班。我覺得這就是我的生活，時尚產業和我息息相關。因此，希望透過這本書，能真正對讀者有所幫助，也希望能夠讓台灣的時尚產業更好、更具國際視野，有參與全球時尚產業的競爭能力。

書裡除了分享我個人從無到有的品牌代理經營歷程——這其中有部分是機運——同時有更多成長過程的心得，透過這些故事希望能讓讀者有些啟發，除了了解這個

世上一定有可以發揮自己潛能的空間，還要知道在自己
身邊發生的人事物，都有它美好的一面，如何發掘它的
「美」，是非常重要的。

　　如同我重複地強調，時尚是門縝密的管理學，書裡也
會提到許多領導管理的心得，我不僅會分享從CAMPER
學到的領導哲學，還會描述我如何由一個完全不懂品牌
管理的外行人，在能夠與CAMPER合作長達十九年外，
還能代理Comme des Garçons（川久保玲）、巴黎世
家（BALENCIAGA）、45rpm、UNDERCOVER、Maison
Margiela等品牌，逐步架構起喜事國際的精品版圖及創立
「團團」的故事。

　　時尚，是一個夢想的行業，要「做到」、「做好」、
「做美」：「做到」是本分；「做好」是當你的知識豐富
了，對於工作、產品了解後，才有做好的條件；「做美」
則是要超出他人的期待，這也回應零售業的特質，要達到
物超所值。

　　唯有如此，這個夢才能被實踐，這個夢也才會真、才
會美。

Part 1

時 尚 ———————————————————————

———————— 從生活出發 ———————— 再融入生活

1

品味，從生活出發

我人生的第一堂EMBA課，就在自己的家裡，最好的
老師，則是我的父母及四位風格獨具的姊姊。

若有人問我，最能代表時尚的關鍵字是什麼？我的回
答通常很簡單，就是一個字：「Cool」。

是的，從事時尚就是要「Cool」。這個「Cool」字看
似簡單，背後卻有大學問，它並不是青少年或小孩口中常
講的「Cool」、「帥」，而是態度要「Cool」，也就是從事
時尚業要很有態度。

每一個品牌背後一定都會有一個「品牌精神」，一
個必須要「入世」、「不流俗」，又能「與時俱進」的
品牌精神，也就是自己的品味。喜事代理的品牌一向很
Cool，如前衛藝術的川久保玲、解構實驗主義的Martin
Margiela都有這些特質，而能從眾多商品裡遇見有態度的
品牌，「藝術的基礎」就是非常重要的關鍵，也是一種態
度。

母親，我的第一位時尚啟蒙者

對我來說，品味有一部分是傳承而來的。可以說，我
認識的第一個品牌就是母親的愛！仔細探究，在我的人生
中，母親是帶領我認識生活、了解品味的第一人，更是我

邁向時尚之路的第一位啟蒙者，也是我之所以這麼熱愛時尚品味的源頭。

出身於軍人家庭的我，家裡有五姊妹，我排行最小。我的母親蕙心蘭質、有一雙巧手，經常親自為家中五姊妹縫製衣服，不管是她親手打的毛衣，還是將已經過短的長褲改成迷你短裙，母親是樣樣精通。還記得她買布親手為我和姊姊做了套小洋裝，卻因為我太頑皮爬香蕉樹沾了一身樹脂，當場毀了母親的精心之作。

雖說是因為節儉美德與當時資源的限制，讓母親常常得動手做，透過一針一線、縝密縫製的心意，反而讓我從中認識衣服的材質與手工製作的趣味，也從小感受手工的質地與樸實的美感。

其實，每個人都有自己穿上某件衣服的理由，衣櫃裡的每一件衣服也都藏著我的一部分。衣服代表我，同時也包圍我，因為我對服裝的記憶感受是來自於愛的溫度，媽媽的愛是我認識的第一個品牌，也是最具溫度的品牌。

除了能夠穿到母親為我們親手設計縫製的衣服外，幼時生活的每一個小細節、每一段時光，現在回想起來，依舊鮮明如昨日，心裡也常常滿溢著美好與愛。

記憶中，母親常會買一大袋的小番茄，把它們洗淨以後擦亮，裝盛在白淨無瑕的瓷盤上，當又紅又亮的圓圓小番茄滾動時，那幅景象真的美極了！在我年幼的心中，小番茄的滋味一點也不遜於大大的紅蘋果，塞進嘴裡，吃起來每一顆總是甜美又多汁！

自我懂事以來，記憶裡的每一個生日清晨，母親都會親自煮好一個熱騰騰的蛋，並在上頭描繪給予我們的祝福。簡單的水煮蛋，因為有母親的繽紛彩繪，讓我感受到最深刻的母愛。

母親的好品味不僅止於此，造訪我們家的人每每都會驚嘆於家中的雅致布置，並拜服於母親的巧手下。從陳舊的沙發到簡單的茶几，她都能夠一針一線勾出典雅的椅套和桌巾，就連每扇窗戶的窗簾都自己挑選布料縫製，透過這些布置，傳遞出她的活力、她的愛。

來往家中的友人們總是會勉勵我們五姊妹要向母親學習，雖然我們比不上母親的盡善盡美，但至少在她的潛移默化中，多少承襲了她對美與生活的態度和品味。同時，母親更讓我從小就了解品味不需要用錢堆砌出來，而是在於如何經營生活，她用身教做出最好的示範。

母親在身體不適的那幾年，常常進出醫院，但只要身

體稍有好轉，她就會想要打扮一下，因此只要她想逛街、買衣服，我就會很開心地馬上帶她出門，因為我知道那表示她的健康情況比較改善了，她才會有心思想要打扮，對人生充滿著希望。

母親過世後，我整理她生前的衣物，她衣櫥中的每一件衣裙、洋裝、外套、披肩等，全都依照季節、材質、種類，井然有序地分門別類，讓我想起年輕時的她，雖然學校、家裡兩頭忙，但仍是打扮得整整齊齊才會出門，尤其在天涼時，她常會穿上剪裁合身的外套後又繫條腰帶，以顯現出她細緻的身形卻又不顯單薄。在那個年代，這種穿法很少見，但母親自有她獨樹一格的品味和想法。

更重要的是，這樣的穿著非常有她自己的味道。父親在旁讚美著說：「媽媽穿大衣繫上腰帶，很有女人味，也只有她才會這樣把腰帶繫在外套上，非常適合她。」不只講究自己的穿著，母親也讓我們五個孩子的穿著毫不遜色，雖然不是名牌華服，但她就是有辦法在這些舊衣服上做些新花樣，像把長褲改成裙子、太小的外套改成背心等，在外人的眼中，我們總像有穿不完的新衣，其實都是母親巧妙的創意讓我們總能贏得別人的目光。

至於父親衣著的打理，母親也絲毫不含糊。在幫父親選購衣物時，她總是別出心裁。在那個保守的年代，她甚

至還曾幫父親買過淡粉紅色的襯衫，原因在於父親的膚色較黑，穿粉色的襯衫看起來更有精神、氣色更好。仔細想想，無論母親的穿著或是搭配，在當時真的很「Cool」。

品味與時尚皆從生活出發

所以，我常開玩笑說，我人生的第一堂EMBA課就在自己的家裡，而最好的老師，除了母親外，還有父親及四位風格獨具的姊姊。

從小到大，我最喜歡的事，就是在飯桌上聽著四個姊姊對穿衣打扮的辯論，姊姊間這些有趣的辯論，慢慢養成我對時尚與服裝的興趣。後來，因大姊到法國巴黎工作了四年，家中常常收到大姊寄回來的巴黎風景明信片，也常聽她敘述巴黎生活的故事。她說她在巴黎第一個認識的報紙，就是《費加洛報》(Le Figaro)，買的第一個皮夾就是巴黎世家酒紅色的皮夾。大姊勾勒了我對法國巴黎的想像。

假日時，偶爾父親會帶我到當時位於花蓮的美琪大飯店，一片片裹著金黃蛋汁、雙面煎得脆黃的法國吐司，可說是我的最愛，這是法國帶給我的第一個美好印象。因為從小接觸這些外國的東西，讓我開始有了夢想，想像著西方生活裡，會有著怎樣的美好，從此我便與西方結下不解

之緣。

　　十九歲時，我收到父親送我的第一套品牌服裝——簡潔俐落的棉麻七分袖襯衫，搭配褐色棉質帶有絲光的長褲，出色的剪裁流露出獨特的設計感。這套服裝讓我清晰地知道：衣服絕不僅僅是衣服，它是穿著者內在精神氣質的流露，是一個人生命的延伸。這也讓我開始注意品牌和設計師傳遞的生活態度與設計風格，日後，從自己的採買經驗到1997年創立經營喜事國際，無論是管理公司、用時尚表達態度，發掘、挑選世界頂尖設計師品牌，將領先潮流的時尚、生活、品味引進國內，都是從那套父親贈送的服裝開始，我了解帶給我信任感的就是品牌的品質，這是我的態度，也是我的品味。

　　同時，無論走到哪裡，我的行李箱裡裝的也總是最熟悉、最能表現出自己風格的衣服飾品。到陌生的國度去時，總有許多新鮮的人和事物需要了解，唯有將原有的自己帶去，我才能感受真實的世界。

　　這些從小在生活裡發生的點點滴滴，看似雲淡風輕的枝微末節，就像埋好的種子，在日後的成長過程，甚至到我開始創業，一直不斷、不斷地茁壯，最後架構出我對時尚業的品味與態度。也因為這樣，我認為品牌不但要有設計巧思，更要有故事，才能動人。

從事品牌代理二十幾年來，遇過的設計師不計其數，我發現那些受人尊敬並在國際舞台上大放異彩的名設計師其實都有一個共通點，就是他們總能從生活周遭與當時的時空背景中取材，做出讓人感動的作品。他們面對生活的方式，謹慎、認真又充滿敏感度，而且非常有態度，無論是否是從小培養出來的，品味，絕對是從生活出發，時尚也是。

2

走自己的路

　　我不會照著別人的路走，即使現實生活的遊戲規則都
經歷過，仍要活出自己的人生哲理。

　　「亞敏啊，一年不過十二個月，但妳竟然能收到十四
家公司寄給妳的稅單！」當年，父親瞇著眼，似笑非笑地
對我說這句話的神情，迄今仍深刻地印烙在腦海中。在父
親是軍人、母親是老師的軍公教家庭中長大的我，理應非
常有紀律，但看來似乎沒有遺傳到父母親在這方面的定
性。

不因規矩受限，探索找到所愛

　　在五個小孩裡，我排行老么，自小就是最調皮搗蛋、
充滿好奇心、總是靜不下來的那一個，即便母親總是以
「亞敏！只要妳能夠乖乖坐在椅子上五分鐘，妳就有獎品！」
的利誘方式，想藉此讓我能夠像姊姊們安安分分地坐著看
書、做事，但往往不到三分鐘，坐不住的我就一溜煙地跑
到別的地方了！

　　現在，回想起年輕時的淘氣，在莞爾之餘，覺得當時
的我應該是因為還沒找到興趣，加上對什麼事都容易感到
好奇，自然是做一行換一行，直到摸索出自己興趣為止。

　　其實，我從小就是一個無法專心的小孩，但我有很

多的想法。書沒有讀得很出色，所以老師給我的成績單
評語，永遠是「活潑可愛」。但是到後來，我開始認識自
己，覺得我其實是一個被家裡教導得很守規矩的人，不過
這份「循規蹈矩」卻框住了自我內心的表達能力，這也促
使我毅然依循興趣，選擇復興美工就讀，並選擇雕塑組，
釋放內心自由的想法。

　　當然，一開始家人自是大力反對這樣的選擇，幾經爭
取及周旋下，我才如願進入復興美工。這不禁令人感慨，
傳統社會的壓力真的會令才能及興趣無法好好發揮。

　　從復興美工畢業後，自恃當時年輕，從女性雜誌的插
畫人員、卡通動畫公司的動畫繪圖人員，到飯店的美術設
計……，只要覺得工作內容太乏味，上班一兩個月後我
就會辭職走人，第一年社會新鮮人的十四張稅單也就是這
樣來的。我沒辦法忍受一天八小時都在做自己不理解的工
作內容，那實在是太枯燥了。直到成為芝麻百貨的櫥窗陳
列人員，才總算找到有趣的工作，所幸，這段期間常常變
動的工作情況，並沒有打擊到我這個社會新鮮人的士氣。

「動腦、用手」構築了我在時尚產業的基石

　　在民國六十幾年的時候，不像現在有這麼多百貨商
場，芝麻百貨在當時稱得上是台北市數一數二的百貨公

司。徵才訊息一釋出，應徵人潮便蜂擁而至，即便職缺是櫥窗陳列人員，也來了百位應徵者，但只有錄取三位，而我就是其中的一位幸運者。

早年台灣的櫥窗設計非常亮眼，孕育出非常多有創意的人才。小小一方天地，不只是產品的展示，如何讓櫥窗或樓層空間能夠吸引消費者的目光，甚至駐足流連？如何讓櫥窗的陳設能夠完美展現出當季的主題或是服裝的訴求？方寸間就是競技場。

而這樣的工作完全符合我喜新求變的個性，不管是重要節日慶典、換季特賣、新裝登場等，從櫥窗到樓面都是我的工作範圍，運用不同材質的組合，展現創意，便成為我每天絞盡腦汁思考的工作。

無論是將大型的保麗龍雕刻成各種動物，例如馬、羊、獅子、老虎等，配合當年知名針織品牌「花樣」當季野獸派主題設計的櫥窗陳列，以及用各種緞帶、布料製作出一朵朵的大型花卉，在那四年的工作中，「動腦、用手」構築了我在時尚產業的基石，從中獲得很大的滿足和成就感。

後來在美國生活多年的姊姊回國，大姊和三姊找我一起創業，由大姊負責營運、三姊負責財務，我負責創意。

就這樣，由我們三姊妹所經營的以旺家飾，成為我從職場上班族轉為創業者的第一步！學會管理好自己，專注工作，為自己負責。

芝麻百貨的櫥窗陳列工作是我接觸時尚產業的敲門磚，就是在這個工作中，我對時尚的嗅覺慢慢被開啟、磨練。不過，在跟姊姊們一起經營以旺家飾後、在成為全職家庭主婦前，其實還有一段時間，我甚至是一間服裝公司的負責人。

產業鏈不健全下的痛苦決定

這個機緣來自於一位朋友對我的賞識和信賴，他跟我說：「亞敏，妳的眼光那麼好，我們不如一起來開間服飾公司吧！」於是同時間，我又一腳踏入服飾成衣業，經由這個過程，我開始了解台灣的成衣產業有多麼的辛苦及不健全，不但優秀的製版師難尋，就連專業的裁布師也不可求！

同樣的一塊布，在正確且專業的剪裁下可以呈現出布料的特性，並透過打版師與裁縫師的巧手，成為一件能夠遮掩身材缺點、盡現體態優點的衣物。相對地，當一塊布料以錯誤的方法剪裁——該橫向剪裁卻變成直向剪裁、只適合當洋裝的布料卻被拿來製作褲子——再好的布料也

會變成廢料！穿上這樣的布料和打版所製作出來的衣物，非但不能有令人賞心悅目的效果，說不定還會被朋友評論說：「你怎麼變胖又變矮了？」完全背離時尚的視覺要求。

因此，當我接觸到國外設計師的作品時，衝擊感是非常強烈的，我非常清楚地感受到，在布料與打版的範疇，專業與不專業之間的巨大落差。一個專業的設計師可以把一塊平面的布，經由巧手剪裁成為一件能夠呈現3D立體效果的作品，不但可以讓人的身形呈現出最好的比例，還能顯出凹凸有致的身材曲線。

種種難以突破的瓶頸、職場上的不順心和創業路上的顛簸，再加上兩個孩子陸續出生，我先生宋毅建議我回歸家庭帶小孩。幾經思索，我決定放下工作，回到單純的妻子和母親的角色。

雖然無力解決當時的產業問題，不過這樣的經驗也讓我初步明白成衣生產鏈的輪廓，成為日後我再度投身相關領域時，能更快速地切入核心、抓到要點的養分。

從帶孩子的過程中發展出管理心法

在沒有帶小孩前，我不曉得耐心是可以慢慢培養出來

的，至少以前母親想要改變我三分鐘熱度的個性就一直沒有成功。加上養育孩子這事，總不能覺得無趣、說不管就不管，於是我就在與小孩的互動中培養出耐心，甚至還發展出一套帶孩子的方法。

像是為了讓孩子們可以自己管理衣物、分門別類地把東西放好，在他們兩、三歲的年紀時，我便會在紙上畫出各種圖案貼在抽屜上，讓他們知道什麼抽屜要放什麼東西，這樣他們不但可以自己把東西歸位，更可以決定自己想要穿什麼樣的衣服。隨著他們成長、開始認字後，我便把圖案替換成注音符號或是國字，自己的衣櫥、櫃子放了些什麼東西，自是一目了然。

後來，這樣的方法與概念，便被我運用在公司的庫存管理上。我要求倉儲管理人員一定要把所有貨品做好完整的標示，而且能夠一眼看清倉庫內有什麼樣的貨品、每一箱又有多少數量、哪些尺碼等。

當時，熟識的朋友忍不住開玩笑說：「亞敏，妳帶小孩像在管公司一樣！」他們之所以會這樣說，是因為發現我很忙碌，認真執行家庭主婦時間表，除了我會善用方法，讓孩子在參與家務時做到井然有序外，即便是上市場買菜，我也會先列出清單，才進行採買，絕不會毫無目標地亂買、亂逛。這麼做是要爭取時間。

當我踏入時尚圈，代理眾多歐美品牌後，很多人相當詫異我會烹飪，更難相信我可以料理出一桌宴客佳肴。事實上，七年專心當媽媽、家庭主婦的歲月，的確是一段沉潛，不但磨出了我的韌性，為了讓孩子有規律的生活作息，我也從中培養出更具條理的做事方法。

從求學、工作、回歸家庭，再回職場，我都不一定照著別人的路走，即使現實生活的遊戲規則都經歷過，我仍要活出自己的人生哲理。而沉潛的那段時間就像是一種生命的反思與回饋。因為，在恬淡的生活中，我開始學習重新認識自己，也慢慢摸索出自己的所愛。

3

說服的藝術

說服是「做」出來的，而不是光靠「說」而已。

第一次對CAMPER鞋子留下深刻印象，是和家人在英國旅遊的時候。當時我在倫敦柯芬園看到一雙娃娃鞋，鞋面是牛皮用潛水布的質料滾邊，鞋底是環保材質，可以被土地吸收、新發明的橡膠底，是多樣材質的新組成。鞋面上也彩繪或貼飾了充滿童趣的圖案，最可愛的是它還用書包的塑膠扣作鞋扣。

相信堅持，直覺判斷填補市場空缺

這種多元材質和一體成形的設計，在1990年代當時是絕無僅有的，我的神經完全被這雙鞋吸引。

這款瑪麗珍（Mary Jane）娃娃鞋是西班牙休閒鞋品牌CAMPER的Mix系列。我興奮地擁有了這款鞋，並持續關注CAMPER鞋款的發展。在CAMPER的目錄中，每雙鞋都是精采的，我不可思議地欣賞這些創作品。先生看我這麼喜歡這個品牌，就說：「妳何不試著爭取代理？」

這真是一語敲醒夢中人！儘管有了起心動念，真正付諸實行之前，我們還是先做了功課，並開始對這個品牌的相關資料進行調查。

　　還記得好友乍聽到我想代理CAMPER的想法，不僅極度訝異，還希望勸退我，「妳沒有搞錯吧？這種綁帶休閒鞋的鞋子，台灣人怎麼會喜歡？而且尺碼非常多，要有很大的庫存區。」

　　思考再三，堅持了自己的第一個感受。因為每個時代對休閒的需求不盡相同，特別在那個時期，台灣除了耐吉（Nike）、愛迪達（adidas）等運動鞋與正式鞋款外，中間有一個部分是空的，而這個介於休閒和正式之間的城市休閒鞋空缺，我認為正是CAMPER可以填補的。除了這個理由之外，更大的一個原因在於，我希望自己喜歡的鞋款，別人也同樣可以買得到。

　　在研究了CAMPER的目錄後，我們發現它的鞋款用色大膽鮮明，拍攝方式也不流於常俗，特別是如Twins等鞋款。我想一般人對Twins的理解為雙胞胎，而CAMPER在Twins系列中，有一款賣給你的是三隻鞋，你可以隨心所欲穿搭你想要的組合，這樣瘋狂、理想的創意，真的出現在這家公司！讓先生直呼：「這家公司不是用創意設計鞋子，而是以創意經營公司！」

書法創意迸發，一舉拿下台灣總代理

　　事實上，西班牙可說是前衛藝術的大本營，畢卡

索（Pablo Ruiz Picasso）、達利（Salvador Dalí）、米羅（Joan Miró）、高第（Antoni Gaudí）等藝術家無限想像力的「超現實風格」簡直不勝枚舉！我們的企劃書若要能打動西班牙總公司，就必須表達出我們的想像力。

於是，先生決定用毛筆書寫企劃案，表達一種東方文化的人文情懷。同時放棄一般企劃案的寫法，完全沒有提及每年要有多少營業額，或預計要展設多少店面等數字，只強調我們對這個品牌的深入觀察，及希望藉由引進CAMPER來倡導「台灣走路文化」的概念，再附上理想中的店面設計圖，與當時先生室內設計師的受訪資料，就寄到西班牙去了。果然，CAMPER總裁對我們「書法企劃」的別出心裁大為讚賞，我們也就得到了前往馬德里與總裁面談的機會。

不料，就在躊躇滿志前往馬德里的路上，硬生生地被澆了一盆冷水。在香港轉機時，看到那裡的CAMPER陳列在一個非常小的店，裡頭只有少少的幾雙鞋。說真的，心頓時感到忐忑不安，甚至開始質疑：「在台灣真的能夠成功嗎？」

還好，我告訴自己得冷靜下來，並不斷為自己打強心針，「他們是他們，我是我，不要套用別人的模式來思考。」畢竟，多年來，每次出國我都相當留意

CAMPER的門市、專櫃和設計風格，對於CAMPER，我
其實已經非常了解。憑著這股熱愛，便沒有理由動搖，更
堅定了對自己直覺的信心。

在馬德里與總裁Lorenzo Fluxá先生面談的那天，他
很誠摯地問我：「為什麼想做代理？做代理是件很辛苦的
工作，妳不必這麼辛苦，也可以過著很舒適的生活。」我
堅定地告訴Fluxá先生：「因為CAMPER！」

因為CAMPER，我可以感受到總裁在看我們的企劃
書時，心中必定如同我看CAMPER目錄一樣悸動，那是
對「美與藝術」的相同感受性，透過東方書法與西方設計
的交會激盪，我們彷彿能望進對方內心，相互理解彼此的
理念與需求。

說完後，我看到Fluxá先生眼中閃爍著光芒，再加上
在現場與他鉅細靡遺地剖析各國經營策略的特點，這些
事前完善的準備，不僅讓他印象深刻，他也完全感受到
我對CAMPER的確是深深喜愛的，並且說出「妳簡直比
我們更了解CAMPER！」這句話無疑是一大肯定，從此
也敲開了我們與CAMPER合作的大門，1997年我們成為
CAMPER全球第一個總代理，即使當時我連公司都尚未
成立。

每個成功的說服，都是「做」出來的

多年後，Fluxá先生告訴我，他之所以把代理權交給我，是因為在眾多競逐者中，唯有我與CAMPER的經營理念最為相符。他認為我最在意的是一個品牌所呈現的想像力與原創性，其次才是報酬與利潤，與一般代理商有很大區別。畢竟，對CAMPER的創辦人來說，強調賣多少萬雙鞋、開多少家店，都不是重點，他們很清楚自己當初成功的原點，和百年家族永續發展的精神，因此，他相信我對CAMPER的喜愛與熱情，一定能和CAMPER一起成長，成為長期發展的合作夥伴。

確實也是如此。例如在店面裝潢方面，我們把CAMPER誕生地——西班牙馬約卡（Mallorca）島——的風景輸出，並以紙質層板分隔陳設鞋款，與環保結合的概念受到總公司高度讚賞，甚至被邀請將這種新的店裝延續到西班牙去。所以台灣CAMPER的成功，我相信也來自於消費者能感受到西班牙文化與想像力的真實傳遞。

為了讓CAMPER在台灣順利運作，我們成立了喜事國際，至今已堂堂邁入第十九個年頭。CAMPER在1997年10月開幕至12月底止，創造出販售1,500雙的佳績，一雙超過2,000元起跳的售價，對當時的台灣消費市場而言，的確是一個不小的購買障礙。不過CAMPER同時兼

具設計與功能性，標榜著因應各種場合都能穿的舒適感，成功定位為城市休閒鞋，拉攏到「都市雅痞」的族群。

在口碑渲染下，CAMPER慢慢賣到一萬雙、兩萬雙，幾年之後，不知不覺間，好穿又正式的CAMPER已成為「空中飛人」商務人士最愛的鞋款，更成功填補了介於正式鞋和運動鞋之間的空白，印證最初我對市場的直覺。

這十九年來，台灣CAMPER業績成長亮眼，喜事代理的時尚品牌由一個CAMPER到如今擁有七十個，除了我們自己的努力，也確實非常感謝CAMPER在代理初期給予的訓練與指導。

CAMPER把我們當成分公司看待，每年都召集全球代理商到西班牙聚會交流，討論產品概念與教育訓練，每個月都提供銷售報表與存訂貨數據，我們也每天與CAMPER信件往來，每一季再互相給予評估建議。這些訓練奠定我日後面對其他國際大廠時能不亢不卑的態度，而我也把握每次與CAMPER總公司溝通互動的機會，甚至能反向回饋一些建議。

先生常笑說：「難道妳是CAMPER的投資人嗎？他們怎麼會這麼重視妳的建議？」

CAMPER的中文命名，就是代理商比原廠更了解在地文化的一個例證。

當初由原廠發過來的中文名是「坎伯」，似乎是由律師事務所翻譯的名字，我跟先生一看就覺得這個名字的辨識度不高，沒有特色。我們非常煩惱，因為這絕對不是總裁想要的名字。

後來在綜合音韻與意義的全盤考量下，我們取了「看步」這個名字，它的中文既能呼應CAMPER西班牙文的原意——「農夫」，提倡重視環保、熱愛土地的步行文化，念起來也與原音近似，後來這個名字就成為華文世界共通的CAMPER商標。

其他林林總總，還包括巴黎時裝週活動的規劃建議、行銷贈品布袋或包包的設計建議等等。這些頻繁的互動與溝通，讓我們得到廠商的信任，對我們所做的決策有更高的評價。就像我們所退的每一雙鞋，都會讓原廠知道理由何在，或者有什麼改進良方，藉由不斷、不斷地互動，累積出信任。

代理CAMPER、創辦喜事國際，標誌著我人生嶄新的一頁。當然，能夠與一位生意往來對象相交二十年，過程中的種種「說服」，並不是單憑一份具創意的企劃

畫及縝密的市場調查就能達陣，重要的是，我們不光是「說」，而是真正去「做」。

回顧之後的生涯道路，不禁覺得自己非常幸運，Fluxá先生亦師亦兄的交友之道，讓我們互相都從對方身上學習到許多，這是最意外的收穫！

曾有人這麼說過：「一雙美好的鞋，會帶你前往一個美好的地方，遇見美好的人事物。」我的事業的確也是因為CAMPER這雙美好的鞋才得以開始，當一個代理商能夠被信任，累積了一定的信用，被推薦給其他國際大廠的機會也會提高。在CAMPER之後陸續代理的像是45 rpm、Maison Margiela、巴黎世家、UNDERCOVER、Comme des Garçons等國際知名品牌，都是因為CAMPER做出了成果，再透過他人引薦，主動邀約而來的機會。這讓我了解，每個成功的說服，都是「做」出來的，而且都是一次又一次成功接觸所串聯起來的結果。

4
只代理自己喜歡的品牌

　　我始終很清楚，選擇代理品牌的首要條件是自己要先喜歡。不管是什麼樣的品牌，我都很看重和設計師建立友誼的過程，更看重和設計師一起成長。

　　與CAMPER二十年的合作，就如同漣漪效應般，後續希望我代理的品牌跟著應聲而來，但在琳琅滿目的選擇裡，我始終很清楚，選擇代理品牌的首要條件是自己要先喜歡。綜觀喜事國際獨家代理的六大品牌，不但是我的最愛，也是我幾近三十年時尚圈工作的菁華。

　　在CAMPER之後，2000年我們引進了日本品牌45rpm。45rpm以處理天然棉質的特殊手法著稱，在日本已有超過三十多年的歷史，而台灣是全球第一個授權代理開設的海外據點。

　　45rpm強調植物染的藍染法，使用取自天然素材的自然染料，在製造過程中不斷地洗滌，使顏色呈現出深淺不一、自然舒適的柔和色彩，擺脫了追求流行的束縛，也因此，它的衣服讓人有很熟悉的舒適感。我們的陳列重點是讓衣服就像剛脫下的熟悉狀態，似乎還能感覺到衣服的溫度。所以，引進45rpm便是希望藉由我們的店，帶領更多人重新認識自我，從衣服的溫度中，感受文化的根源。這樣的想法果真帶動業績成長，45rpm的業績也如同CAMPER開出紅盤，第一年就達成目標，第二年依然成

長高達20%。

機智反應拉近距離

除了45rpm外，我們旗下代理的日本知名品牌，還有高橋盾及川久保玲。說到潮牌，設計師高橋盾的作品一定名列其中，特別在日本時裝潮牌界更有一句話說：「男有高橋盾UNDERCOVER，女有宇津木」之說，可見其地位之重要。

2003年，我前往巴黎觀賞時裝週後，在這場秀裡，完全被高橋盾的作品所驚懾，所以便下定決心，要找機會到日本見見這位融合高級訂制服和原宿潮流文化的天才設計師。

第一次遇見高橋盾，是前往位於南青山原宿的巷弄裡，一棟名為「高橋盾」的大樓，我走進門後，有如走鋼索般地往挑高的地下二樓和他會面。裡頭的裝潢設計很特別，從玄關到樓梯間無一不是鏤空鋼鐵材質的裝飾，初來乍到的我有種異樣的不平衡感。

然而，一踏進高橋盾的辦公室時，我卻忍不住驚呼：「哇！太可愛了！」從辦公室的擺設可以看出高橋盾的個性，叛逆仍保有孩童的天真可愛。因為是第一次見面，我

事先準備了一個CAMPER小公仔作為禮物，才一交到他手上，公仔竟然立刻就被他拆解，重組成了另一個模樣。這就是高橋盾，有著斯文的外表、反骨的個性、靈活的思維和想像。

那一次見面並未有結果。然而有趣的是，隔了半年，高橋盾反過來積極找我，我們雙方最終在2007年走到了一塊。

回想與他見面的情景，迄今仍覺得有點莞爾。在去東京之前，我換了一支在日本的手機，由於不太熟悉這支新手機的操作方式，手機沒能調成靜音。正當我與高橋盾兩人談到緊要關頭時，手機忽然大聲響起，而鈴聲還是女兒幫我選的麥可傑克森（Michael Jackson）的名曲。

正當十分尷尬之際，非常不好意思的我，不知怎地急中生智，竟脫口而出說：「對不起，麥可找我！」沒想到，這樣的自嘲回答，卻讓酷酷的高橋盾因而大笑，完全被逗樂了，而初次見面的尷尬更就此被打破，進而相談甚歡，加上理念的共識，一拍即合便展開了合作。後來我們在溝通UNDERCOVER台北店時，更激發出許多跳脫時尚名店模式的經營方法，甚至結合了餐飲，經由好友們的鼎力支持與指導，和鼎泰豐麵食、赤蘭有機茶以及當時最紅的夜店調酒師跨界成立了TAIPEIUC Noodle Bar，相當

創新。

知道自己能做什麼很重要

　　會這麼做是因為，對我而言，「潮」是一個年輕人腦中嚮往的生活態度，在它表象背後有更深刻的意涵，就是現在的服裝和所有商品一定要回歸在地生活和文化。同時，在時尚專業語言裡，「潮」是接近街頭解構拼裝的服裝風格，帶有年輕人的叛逆，有很濃的次文化味道。它與音樂有關，可以是搖滾、龐克、歌德（Gothic），但原創性是關鍵，抄襲不是潮。

　　後來，高橋盾的風格從潮牌轉向高端和奢侈，為了讓消費大眾能夠進一步了解設計師的轉型，於是我和高橋盾商量，如何舉辦一個活動，做一個具有「品牌升級」感覺的晚宴？

　　晚宴的構想是採用東西方結合，現場處處洋溢玫瑰花魅人的香氣，而餐點的呈現是重頭戲，法式料理的裝盤方式結合東方便當的概念，進而設計出獨具匠心的餐盤餐點。除此之外，晚宴舉行當天，高橋盾還親自下海當DJ。巧妙創意的結合，讓當天六十個座位座無虛席，此舉也讓高橋盾一舉贏回市場。

　　而當我得知高橋盾欲將時尚觸角延伸至大眾消費者，即將推出女裝支線品牌SueUNDERCOVER及男裝支線品牌JohnUNDERCOVER，以及和優衣庫（UNIQLO）合作的UU，還有與耐吉合作的Gyakusou的時候，我個人認為高橋盾應該在這個時候，在大環境發生變化的消費市場上，更用心經營主線以成就品牌。因為，建立每一個品牌所需要投入的時間、原料、人力等資源，都不可以低估。

　　這些看法都是肺腑之言，也是我的經驗之談，不管是什麼樣的品牌，我都很看重和設計師建立友誼的過程，更看重和設計師一起成長。「知道自己能做什麼很重要」，這是我一直以來秉持的信念。

框框裡住著「專」業人才，催生「團團」

　　當然，講到潮牌就不能不提川久保玲。川久保玲於1967年正式獨立為服裝設計師，1973年成立了Comme des Garçons服飾品牌（法文的意思是「像個男孩」，常被簡稱為Comme），以不對稱、曲面狀的前衛設計聞名全球。

　　原本川久保玲2003年時在台灣有獨立的店面，因為SARS嚴重影響業績，又因代理商Joyce縮編而離開台灣市場，直到2007年團團取得代理權，才重新在台灣面世。

　　川久保玲可說幾乎和潮牌同步，運用「跨界」與年輕設計師聯名，維持逾三十五年歷史的名牌地位。川久保玲是高橋盾的前輩，高橋盾也曾不諱言自己受到她相當多的啟發。而她之所以能夠屹立不搖，在於她相當謹慎挑選合作對象，包括知名建築師、當代藝術家，與街頭品牌形成區隔，擁有不同的高度和風格。

　　我和川久保玲陸續見過幾次面，1942年出生，現年七十五歲的她，直到今日都還有一種銳利的目光，像是要把眼前所有的人事物給看透。川久保玲與插畫師合作的副牌Play就是最好的例證：一顆心，和一雙直直盯著對方的眼睛。而這個副牌logo，價值就超過50億。

　　原先，我只想代理川久保玲的Play Box系列，因為我去日本南青山Comme des Garçons本店看到以售票亭為概念的Play Box，川久保玲這顆張大眼看世界的心，讓我覺得很溫暖。之後，看到她在丹佛市集（Dover Street Market）不斷地跨界創作，我深切感受到這個品牌活力十足，於是決定代理，反而成為川久保玲全系列的獨家代理商。

　　不過，因為不能使用川久保玲作店名，如同1997年成立喜事國際一樣，我希望起一個有中國特色的名字，作為代表。又因為Play Box的緣故，便思索著如何找出一個

名字，除了可以容納國際各大品牌的獨特商品之外，同時還有著中國文化的特色。

在**翻**遍字典看過許多有框框（box）的中文字後，欣喜地發現，一個框框裡住著「專」業人才，就是個「團」結的好字，於是「團團」這個名字正式誕生。

這便是最初的團團。隨後不斷有新的品牌、新的創意挹注，如今的團團精品就像是個融合了東西方美學的時尚生活文化交流沙龍，裡頭蒐羅的品牌、物件，自然也都是我所喜歡的美學生活。

5

一堂價值超過三千萬的管理課

　　時尚是一種品味，每個品牌的精神和特色，都是設計師跟世界對話的窗口。但從「穿名牌」成為「管名牌」時，可就不能光有感性而失去理性，那會造成難以估計的損害！

　　從事時尚業多年，我最常被問的一個問題之一不外乎就是：「如何在上千個選項中，挑出適合精品店和當地消費者的品牌？」

堅持親見設計師，判斷投資潛力

　　對我而言，答案向來很簡單。就如同前一章所講的，選擇代理品牌的首要條件是自己要先喜歡。換句話說，要知道自己適合穿什麼，知道消費者穿什麼，了解消費者的生活。我是管理者，也是消費者，又是買手（buyer），必須要帶著公司的人分析品牌的市場價值、設計師的成長歷程，將知識與經驗傳承給公司商品部人員，直到他們可以獨立判斷，這也是為什麼我非常看重設計師的成長。如果設計師沒有成長，買手在挑選商品時也會很困擾，例如有些設計師的風格一直飄忽不定，會造成我們面對消費者的困難，此時就必須和對方坐下來討論與談判。

　　時尚是一種品味，每個品牌的精神和特色，都是設計師跟世界對話的窗口，這也是為什麼我跟任何一個品牌

合作前，都希望親眼見到設計師本人，因為只有從設計師的雙眼中，我才能看出這個品牌有沒有潛力，值不值得投資。從高橋盾、川久保玲，一直到 Martin Margiela 等，都是如此。

2005年，Maison Margiela（原稱 Maison Martin Margiela，後更名為 Maison Margiela，本書皆採新名稱）這個實驗先鋒品牌請我到巴黎總公司談代理合作，作為頭號粉絲的我卻曾猶豫是否要前往。

以解構手法闖出名號的比利時設計師 Martin Margiela，和川久保玲並稱1980、1990年代的解構大師，但在時尚圈裡眾所皆知，向來神龍見首不見尾的 Martin Margiela 本人相當低調，呈現於作品的風格也是如此。由於他的品牌作風極為低調，早期甚至連標籤都不肯貼上，後來是因為許多店不知道要怎麼介紹，Martin Margiela 才勉為其難地掛上標籤。儘管我個人相當鍾愛，然而考量到市場性，我仍有點躊躇。在我的想法裡，一個無法傳遞品牌名稱的商品，要如何發展和獲利呢？

2015年，我有幸被以「企業家奧林匹克」之名享譽全球的「安永企業家獎」（EY Entrepreneur of the Year）選為「新興創業家獎」的得獎者。針對「創業家」，「安永企業家獎」給了一個明確的定義：「創業家都是實現腦海

中夢想的人。」也就是讓抽象無形的畫面，不斷地演進成為有價值的品牌。

由此可想而知，Martin Margiela多麼有創業家的特質！他將在腦海裡的抽象想像，透過一件一件服裝和一季一季的展演，讓無形的畫面成了有形的價值。

要去見Martin Margiela，我可以說是被「推」著去的，然而就在臨上飛機前，我暗自下了個決心，告訴自己：「如果讓我的孩子知道我有想放棄的念頭，以後他們怎麼面對人生的挑戰？」於是我帶著勇氣和做好品牌的決心，搭上飛機前往法國，洽談Maison Margiela的台灣代理權。

很可惜地，在談判一開始時我沒能見到他本人，而是和品牌的高層正面交鋒。對方相當謹慎，事先早已在業內調查研究了我的信用，面對他們拋出的一個個犀利問題，還好我都能應對自如。

此時恰逢Maison Margiela品牌整個團隊重組的轉型階段，我便針對品牌在台灣的重建提出了一個戰略，如同當初說服Fluxá先生般，這群金髮碧眼的高傲菁英們終於被我這個東方女人折服。談判後，對方的執行長問我：「還有什麼是我可以為妳做的？」我不失時機地提出：

「我想要見Martin Margiela本人。」對於我的要求，對方高層十分感興趣地詰問：「為什麼？」我理直氣壯地回答：「因為我想看看他的眼睛，看他是否還像以前那麼有自信？」

因為，當時Martin Margiela剛剛結束了一個長達十年的合作，前合夥人退休時將品牌50%的股份賣給Diesel集團，我希望從他眼神裡能看到他以往的自信。

在一次雙方都沒有點破的場合，在沒有期待之下，我非常意外地見到了Martin Margiela。憑藉敏銳的直覺，我一眼認出那就是他本人。什麼也沒有說，我迎上去給了他一個結實的擁抱，而從他的眼神裡流露出的是品味及藝術家氣質，於是我看到了品牌的未來。

不過，莞爾的是，直到現在我仍沒有告訴Maison Margiela高層，自己當時究竟從Martin Margiela的眼神裡看到了什麼。

很幸運的是，後來我又遇見他了。這次跟Martin Margiela碰面時，他看到我雖然穿著他設計的衣服，卻又做了些小改變，於是非常高興地說：「妳穿出了屬於自己的Maison Margiela！」對我來說，這真是最好的讚美！一個時尚工作者如果不能讓品牌在自己身上展現出特點，

反而被衣著蓋過了光采，那就成了「衣穿人」，而不是「人穿衣」了。

對品牌的迷戀，讓感性淹過理性，導致慘痛的經驗

不過，愛好和崇尚某個名牌或衣飾，可以是主觀與感性的訴求，但從「穿名牌」成為「管名牌」時，可就不能光有感性而失去理性，那會造成難以估計的損害！我在2007年跌的一大跤，就是最好的警惕。

由於自己太過喜歡Martin Margiela的設計風格，就如同最初對CAMPER的強烈喜愛，讓我極度、迫不及待地想要引介Martin Margiela的作品給台灣消費者，更別說還大費周章地跟Maison Margiela高層主管簽定合約並順利引進。沒想到，一開始的起步就遭遇滑鐵盧。由於在評估市場及選址都犯了錯誤，開店一年多就結束三家營運店，這樣的代價，讓我上了一堂一年就賠了三千多萬的寶貴課程。

這對我而言，真的是很大的打擊，也重挫了整個團隊的士氣。我壓根沒有想過自己會失敗，畢竟那是我最愛的品牌，況且，CAMPER和45rpm的代理是那麼成功，根本沒有道理會失敗。

事後我仔細探討原因，問題就在於我讓感性的情緒蓋過了理性的判斷，沒有選擇最好的時間點、地點和整體環境。當時，Maison Margiela的開店策略的確有不少疏忽的地方，像是法國總部選擇在華納威秀影城（現稱威秀影城）附近的漢堡王（Burger King）開店，就是沒有考量到商圈集客買氣和市場對品牌接受度的問題。仔細分析後，我愕然驚覺，當時對市場的評估的確是失準了。雖然這個開店案例當時受到全球時尚媒體高度關注與曝光，因為Martin Margiela用原有的漢堡王店裝，做出結構重組的概念，確實是經典之作。

中國人常說「天時、地利、人和」，這句話背後，是真的有其深意，特別是商業經營，「天時、地利、人和」是引領成功的關鍵要素，在三項要點都不適切的狀況下，會獲致如此慘痛的經驗自然是可想而知，也讓我不得不正面接受，虛心面對自己──沒辦法，我實在是太愛Maison Margiela了，我失敗在對品牌的迷戀。

堅決不放棄、重新修正，奠定管理模式

發現挫敗原因後，我馬上大刀闊斧地收起不適合的店面，同時改變原有的室內陳設和系列商品，重新擬定銷售策略，例如將客戶定位由「想嘗鮮名牌的消費者」，改為經營「認識並愛好Maison Margiela這個牌子的消費者」。

其間，更有不少人勸我放棄，我卻堅決不肯。儘管栽在自己最愛的品牌上，卻因為我不服輸的性格，選擇了再重新開店。調整後的銷售狀況果然有很大的改善，才沒讓當初一心想要引進Maison Margiela、花了一年半時間和精力洽談這個品牌的心血白費，也沒讓雙方合作受到挫敗而分手，而是選擇進行調整、重新出發。

從這次的經驗中，我更深刻地體驗到，一個真正的時尚管理者一定要能夠「捨」，要拿得起放得下，千萬不能糾結於愛不釋手的情緒中，要以最理性冷靜的判斷力處理事情。也因為我的態度轉為更謹慎保守，才能將自己從「品牌迷思」的漩渦裡救了回來。

如今，Maison Margiela已成為我手中代理的六大品牌之一，也開始穩定成長、獲利，而自此之後，我真正體會到如何用更理性的思考，來面對品牌代理。從這裡不難得知，不同於單純的愛好和崇尚，想要駕馭名牌，除了打心底喜歡它、欣賞它，更要能夠讓它成為你的樣子，例如同樣一件Maison Margiela的服飾，你穿出來的風格一定會跟別人不同，甚至可以自己加上一些巧思。然而，打江山畢竟不是一件容易的事，在講到「管理」的範疇時，就不能再如單純品味時尚那樣優雅，必要時得拿出被認為「惡魔」般的決心和魄力，否則，就像我兒子說的：「喜歡一個牌子，不見得要代理它，當消費者就好了。」

　　這也是為什麼我在時尚圈打滾了近三十年，一向不喜歡被當作只懂穿名牌服飾的「時尚人」看待。因為在我的認知及信念裡，我是一個做事的人——我不是時尚人，而是「時尚工作者」。我所自豪的不是懂多少名牌，而是靠自己打下獨家代理全球六大知名品牌江山的「管理模式」。

6

代理，要有自己的態度

　　面對國際大品牌，不需要小看自己，而是要和談判對象以平等的姿態對話，因為我們是真正了解他們的理念的。

　　「代理，不是殖民。」

　　在時尚產業，態度向來很重要，它代表了個人的品味及堅持。有時候，即使去參加國際活動，各國賓客穿的都是華服盛裝，我也會堅持自己的風格，穿著中式傳統旗袍，搭配西式配件。這不僅僅是我對於禮儀和以身為中國人為傲的一種強調，也因為我知道自己適合什麼，而不是去迎合他人的審美觀。

代理，要有自己的態度

　　同樣地，對於代理品牌，也要很有態度，而我對代理品牌的態度，就是「無欲則剛」。

　　事實上，若把喜事國際代理過的品牌展開來看，絕大多數都是原廠主動找上門的。當然，為了豐富產品線，我們也會主動出擊，不過以比例上來講，多半是口碑相傳來的。我之所以會不斷強調代理CAMPER的成功，因為它是一個重要的轉捩點，如同骨牌中關鍵的起始點，因為CAMPER，也因為我們的踏實付出，代理CAMPER的成

續有目共睹，才使得日後出現一次又一次的主動邀約。

之前提過我選擇品牌的原則，是要自己喜歡。「喜歡」是相當感性的事情，是一種感覺，也是個人意志。不是自己喜歡的，也真沒辦法經營，就像我挑選Jil Sander的衣服超過十年，特別是品牌西裝式皮衣使用頂級小羊皮，輕盈保暖、版型剪裁俐落、正式而不失個性，很適合在工作場合穿著。經典耐看的設計，即使十年後的現在都還會常常穿，自己周遭不少企業界朋友也都是Jil Sander長久以來的愛好者。

因此，我替Jil Sander重新設定進入亞洲市場的定位，認為Jil Sander是最適合「金領階級」（gold-collar worker）——指在社會上負有名望的資深專業人員，擁有扎實的專業知識、豐富的從業經驗，認真工作同時也追求質感生活，對於事物有深刻的感悟力——表達自我主張的服裝。精準的品牌定位讓全新專賣店在BELLAVITA百貨開幕的三個月內，成功引起市場注意，創造漂亮的營業數字，重回台灣市場。

畢竟，若沒有對品牌的熱情及了解，是真的無法透過代理為它塑造出符合在地的靈魂。

因此，我必須不斷強調，我所代理的每一個品牌，一

定都是自己用過、喜歡，甚至認同其設計精神的牌子。因為真正的時尚絕對不是膚淺的，不是一種速食、用過即丟的概念。

但是，這般的感性在跨足代理領域後，當它變成必須錙銖必較、必須競爭的事業時，那就是非得理性不可，否則就會像之前提過代理 Maison Margiela 的故事，付出慘痛代價。

事實上，通常在決定代理前，評估期會長達兩年，得深入了解其經營模式後，我才決定是否合作。因為對我而言，一旦答應獨家代理，對原廠就有責任把台灣市場做好。

這樣的態度，也反映在我爭取代理的原則。

讓成績證明實力，方能贏得品牌原廠尊重

絕大多數人為了贏得代理權，在代理企劃案上，難免會去迎合原廠，然而在喜事國際提供給品牌原廠的代理企劃案中，我非常堅持自己的想法，絕非一味迎合原廠。因為，一旦在互惠條件上沒有共識，表示彼此沒有共同目標，此時不合作、雙方沒有責任，反而更輕鬆。但是，假若想法被對方接受，就得盡力去做好。這就是我的態度。

　　此外，在與全球精品龍頭合作時，也無須小看自己，而是要和對方以平等的姿態對話，要讓他們理解，我們是真正了解他們的理念，也評估過在地經營的可能性。這並非是強悍，而是我認為，思維習慣不能養成固定模式，時尚就是由許多小細節組成的，靈活度是在時尚界必備的生存法則。

　　舉例來說，以往國際精品在選擇平面廣告時，多偏愛雜誌，這是因為雜誌選用的紙質遠遠優於報紙，使得印刷效果更能呈現精品光鮮奪目的特色。但是這樣的媒體偏好，在台灣卻不見得完全適用，《蘋果日報》就是一個例證，儘管印刷細緻度不如雜誌，但它的閱讀率顯示其能見度卻是遠遠高於雜誌。

　　因此，憑藉著我們熟稔台灣媒體操作與消費者習性的優勢，便以數據分析及資料佐證，成功說服知名精品集團，破例改變行銷方式，讓台灣成為全球唯一在報紙上刊登該品牌廣告的國家。

　　畢竟，分公司與代理商的角色完全不同，我相當有自信，喜事國際的優勢在於具備文化底蘊，了解台灣市場，也因為具備了這樣的實力，才得以讓我們可以跟品牌原廠平起平坐。

另外，要和品牌平起平坐，讓成績開口講話也是一個重點。

巴黎品牌「巴黎世家」以法式貴族的氣質著稱，2006年，在引進Maison Margiela後，一個奇妙幸運的機會讓我們順利取得了巴黎世家的代理權。

沒想到，正在巴黎簽合約的那一天，「周杰倫、侯佩岑背機車包上街」的新聞竟被狗仔隊爆出。對品牌來說，跟名人沾邊是炒熱市場的方式之一，但坦白講，我卻相當苦惱，不知這樣的新聞是否會影響品牌的發展。

與此同時，因著「周侯戀」的渲染效應，巴黎世家一夕爆紅，不少代理商趁機回頭猛搶巴黎世家，當中甚至有對手惡意競爭，開始散布謠言，讓巴黎世家總公司也開始對我起了質疑。

面對流言蜚語，我的態度反倒是理直氣壯，「如果因為流言就不讓我代理，說明你們本身的誠信就有問題！」面對質疑，我總是毫不客氣地回答。就這樣，巴黎世家總公司就被我的態度震懾了。

但我相當清楚地知道，這樣是絕對不夠的，我還必須進一步用成績證明自己。

在此之前，巴黎世家曾經授權生產代理，後來經歷了
重組。作為新一批的代理商，我其實承擔著巴黎世家在台
灣重建品牌形象的責任。

在這樣的情況下，為了讓人們深入了解巴黎世家這個
品牌的變遷，於是我精心策劃了BALENCIAGA Today系
列展覽，將品牌當年寫下時代意義的Baby doll娃娃裝、
方形式短外套、創時代的低腰設計等經典作品，全部納入
其中，透過這個展覽重新喚起人們對於這個巴黎傳統高級
訂制服工藝品牌的美好記憶，也讓人們更深入理解機車包
的前衛設計和搖滾氣質。

此外，我還特意向國外提出將巴黎世家專賣店設計成
粉紅色系的顛覆構想，透過「變色」在百貨樓層像粉紅色
的鑽石閃閃發亮著，讓人在看見巴黎世家時能夠眼睛為之
一亮。就這樣，再藉著周侯戀之勢，巴黎世家機車包的銷
量一路上揚，首月就做出700萬元的亮眼業績，更重要的
是，這份成績單主動替我向巴黎世家總公司開了口，直接
證明我的能力。

因為，我始終秉持「代理，不是殖民」及無欲則剛的
態度，對市場的脈動、風土人情皆做足了功課，有了這些
堅持，才能漸漸轉化為豐碩的果實。即使國際各大精品集
團在台灣都處於景氣低迷之際，喜事國際仍能以逆勢操作

的方式，擴大品牌代理，成功創下年營收的新高紀錄，並
繳出業績成長 30% 以上的漂亮成績單。

懂得管理，才是代理最重要的一哩路

　　所以，要是缺乏想法與態度、扎實的基本功和足以證
明自己的成績單，而想代理各種品牌、經營一家複合式精
品店的話，我覺得會有困難，或許剛開始可以拿到品牌的
短期合作，但接下來呢？

　　時尚管理公司首先必須有很好的品牌資源，其次要了
解品牌和流行趨勢，有時甚至品牌內部發生的人事變動
都可能影響市場。接著要明確了解消費者是誰，再者是擁
有出色的買手，他們的思維、風格、品味都很重要。在這
裡，除了專業買手之外，眾多品牌我務求親力親為，走進
每一間服裝展示間（showroom）。

　　至於代理最後、也是最重要的一哩路，就是管理。複
合式精品店最不容易管理，尤其在規模做大之後，如何將
你所有的資訊傳達給同事、消費者，讓他們真正理解是很
不容易的。

　　當要和國際品牌談合作的時候，不能僅僅只談理想，
這些國際品牌想要看到的，除了信心之外，還有市場前

景。無論如何，唯有實力才能替你爭取到可長可久的代理
合作關係！

7

信任，勝過一紙契約

在婚姻的經營中，信任大於一切，若僅維繫於一紙結婚證書上頭，是相當脆弱的，代理品牌也是如此。「絕不說：絕不！」做好自己當下該做的事，並要懂得分手，懂得未來還有合作的機會，懂得留有餘地。

清朝書畫怪傑鄭板橋有句對聯：「海納百川，有容乃大；壁立千仞，無欲則剛。」它的涵義是：大海的寬廣可以容納眾多河流，比喻人的心胸寬廣可以包容一切；千仞峭壁之所以能巍然屹立，是因為它沒有世俗的欲望，借喻人只有做到沒有世俗的欲望，才能達到大義凜然，也就是剛強的境界。

無欲則剛，放手反而迎來更多機會

這就是我前面曾提及，對於代理品牌，自己始終保持著「無欲則剛」的態度。

從事時尚產業三十多年，身處在一個看似華麗夢幻的行業，當中的爾虞我詐也曾讓我嘗盡人間冷暖。雖然我屢屢讓退出台灣市場的國際品牌在台灣起死回生，卻依舊避免不了一旦成功就有可能被收回代理權的命運，特別是當原品牌在看到台灣強大的消費力，且品牌知名度與市場打開後，便可能會要求收回獨家代理權，改而用設立分公司的型態接手經營。

　　2009年我便遭遇了這樣的經歷，一次來自品牌總公司的打擊。當我把品牌的三家店營業額做到近2億元台幣的規模之後，總公司忽然迅雷不及掩耳地宣布：「要收回在台灣的代理權！」

　　事實上，由亞洲代理商運作的國外知名品牌一旦在亞太市場發展良好，品牌通常會毫不留情地收回代理權，接手自行運作——這是代理界一條殘酷的潛規則，我一直是知道的，只不過，我沒預料到的是，最初是他們拜託你經營的，卻也會來得這麼快！

　　為了挽回合作關係，我派出團隊與品牌談判，僵持了許久卻遲遲沒有進展，逼不得已，我只好親自出馬。

　　對著總公司的代表，我誠懇地表示：「我們可以不要做生意，但還是可以做朋友，雖然不代理了，但是不需要有敵意，不用為了利益傷情感。」最後，雙方終於達成理解和共識。自此之後，總公司讓團團精品成為經銷商，只是不再獨家代理品牌專門店了。

　　「絕不說：絕不！」（Never say never.）向來是我信奉的法則，無論何時，在我心中一直都認為，只要付出真心，一定可以和品牌做長久的朋友。但上述事件卻給了我一記當頭棒喝，也讓我意識到，僅僅做代理，除了不能控

制產業鏈的上游外，更重要的是，我渴望擁有更高的自由度。從此之後，我便開始醞釀要做屬於自己的品牌。

面對這樣的結果，我顯得坦然，就是因為無欲則剛。我當時的想法很簡單，認為這樣反而會讓我們的經營能力受到肯定，進而累積出喜事國際的聲譽與信用。假若原廠收回代理權改設分公司，一旦經營得更加出色，喜事國際其實也可因此從中學習到更成功的做法。

事實證明，「放手」後反而吸引更多國際精品上門，邀請喜事國際獨家代理。

當然，這是一個歷程。此外，與CAMPER十九年來的合作無間，又是另一個值得分享的經歷。

廣納雅言、正面能量管理，帶動業績成長

對我來說，Fluxá先生亦師亦友的相處之道，讓我們互相都從對方身上學習到許多。進一步剖析Fluxá先生，他給我的感覺就是個個性幽默、享受生命、熱愛藝術的人。在公司經營方面，他非常靈活，知人善任，給予代理商很大的發揮空間，也樂於讚美員工。他不見得不注重數字業績，但並不是冷酷犀利的管理風格，讓全公司的業績能在正面能量下成長，這點也帶給我非常大的啟發。

第一個例子是CAMPER即將在日本展店之際。

打算進軍日本市場的CAMPER，在擬定展店計畫時，最初的打算是要附和日本精品店的習慣，將店面設於巷弄之間。對於這項計畫，Fluxá先生希望我能過去協助勘查，同時也想聽聽我的意見。因此我就直接說出了我的想法：「我覺得巷弄適合第二家店，CAMPER如果要在日本設第一家店的話，應該要設在表參道上，而不是巷弄裡面。」

Fluxá先生一聽到我的回答，對我不同於眾人的觀點感到非常訝異！因為據他的觀察及市場調查，日本CAMPER團隊與建築師認為日本人偏好在巷弄裡買賣東西，他問：「為什麼要開在大馬路上？」我說：「在日本，CAMPER是一個首度踏入的國際品牌，應該要讓日本人看見一個國際品牌的高度，同時也讓所有觀光客看到CAMPER的氣度與格局。也就是說，CAMPER所要影響的顧客群，應該不只是在地市場，而是更大的亞洲市場，這包括所有日本國內外的觀光消費族群。」

再者，「如果只是要做當地市場的話，那CAMPER原本就有將產品批發給日本當地商店的做法。現在既然要自己投入開設旗艦店，就要做出不同以往的能見度與高度，那麼設在巷弄裡不但達不到目的，還可能對品牌聲望造成

影響。」我繼續補充，雖然租金可能會較預期高出許多，
但也可以用廣告宣傳費來分擔。

　　聽了我的分析後，Fluxá先生和團隊研商討論後，採
納了我的建議，後來CAMPER就決定將店面設在表參道
上了。

　　另一個例子則是，有一段時期，CAMPER遇到來自
美國強勁對手──某休閒鞋品牌──的熱銷攻勢。在那幾
年，CAMPER做了一個復刻版的Camaleón鞋款準備回攻
市場。

　　Camaleón雖是CAMPER的創業作，不過其實它是自
古流傳下來，在西班牙馬約卡島上，旅者們所愛穿的休
閒鞋款，但它的價格卻遠較此美國競品貴上將近一倍。
於是我建議：「可以將Camaleón在價格上調整得更親
民一點，不妨試著把這款鞋變成『可與之媲美的地中海
版』！」

　　聽到我這麼建議，Fluxá先生就算了算成本，有點苦
惱地說：「這價格已經是最低的了，成本沒辦法再壓下
去！」我回答他：「如果你能用行銷費來彌補部分的生產
費用，壓低價錢到與美國競品相近，然後請各界意見領
袖試穿及證言，等於是請他們做免費的廣告宣傳，這樣一

來，這個鞋就有機會成功！」

　　CAMPER團隊一聽覺得有道理，於是將Camaleón降價，慢慢拉回市占率，成功成為「地中海的獨特手工休閒鞋款」。

　　這兩個例子都顯示出我與CAMPER的互動方式，其實也是我與其他代理品牌原廠的互動方式。通常在彼此的合作關係中，我不會一味配合原廠的想法，因為站在代理商的角度，我比原廠更了解在地消費生態或行銷推廣方式，以我對市場的理解，我可以分享這些知識，建議原廠如何再創營業佳績。這樣的做法也讓原廠了解我們的用心與實力，這就是之前提及「代理，不是殖民」之意，任何一個國際品牌都必須進行在地化（localization）。同時，一旦用這樣的方式建立起互動，不但有助於延續代理關係，也可以互相學習成長，成為長久的合作夥伴，共創價值。

認真做好當前的事，建立互信互諒的關係

　　所以，儘管當時我從來沒有任何品牌代理的經驗，連英文也不流利，卻能成功拿到CAMPER的代理權。最初，我只與CAMPER簽約一年。剛開始時，周遭朋友還紛紛勸我別花太多心力，並不斷地叮囑：「小心牌子一旦

做大，這些國際企業就會收回去自己經營！」聽到這樣的說法，我都會加以反駁，因為，如果對方不懂我的獨特，這樣的牌子不做也罷！同樣地，事實證明，CAMPER與我的往來，真的是「誠信，勝過一紙合約」！我們之間的合作，也從開始的一年，後來又再延續一年，之後簽約就一下子決定簽五年，時間越拉越長。

2015年，我受邀參加CAMPER的四十週年慶，回來後我向Lorenzo Fluxá先生的兒子Miguel Fluxá表達感謝之情，他回信告訴我：「亞敏，我非常高興，在這麼重要的時刻，妳能到英國跟我們見面，這對CAMPER大家庭來說是非常重要的。」在信末，他說：「我們後面還有長久的合作。」

和CAMPER合作即將進入二十年的此時，回想起有回和一個朋友喝咖啡，提到簽約這件事，朋友當下立即說：「啊！怎麼會簽這麼久、這麼長的約？萬一未來市場不好，或是對方要收回代理，風險豈不很大？」

聽到他這麼說，我的反應倒是淡然，我說：「嚴格說起來，合約只是一個承諾的開始，簽一個一年跟簽一個十年，其實沒有太大差別。因為，當跟你簽約的人沒有信用的時候，這張合約反而變成一件非常痛苦的事情。自以為可以用合約綁住對方，等到不合拍時，大家就對簿公堂、

打官司，這種合作，不是我的選擇！」

合作合約就像結婚證書

在我看來，簽合約就像簽結婚證書，若一直想用證書
來綁定雙方的權利、義務，其實是非常痛苦的。因為人
性的本質就是這樣，越是想要、越是有欲望的時候，便會
越痛苦，但是，一旦不要想這麼多，只要好好去做當前的
那件事，並互相尊重，反而就有可能會得到意想不到的幸
運。

夫妻之間的婚姻經營之道，是互信互諒，同樣地，
與商場上所有的合作夥伴也是如此。當一方遇到困境，
彼此可互相體諒、協助，讓雙方都有機會成長，也有
時間安排最好的解決方式，也就是大家都覺得舒服自在
（comfortable），這才是超越合約、關係能夠長久持續經
營之道。

8

站在巨人的肩膀上

　　站在這些巨人的肩膀上，讓我得以看得既高又遠，讓我了解，「做得對」遠比「做得快」重要，而做對的事情，永遠不嫌晚。更重要的是，要找出「自我品牌」。

　　對我而言，進入時尚產業，成為國際品牌採購買手，甚至變成經營者，很多事情都是自然而然發生的，但在管理層面，不可諱言地，當中有不少視野與經驗都是從CAMPER工作經驗中傳承來的。另外，就讀EMBA也讓我透過管理理論的協助，變得更有系統。

「站穩腳步再出發」的CAMPER哲學

　　先分享CAMPER的經驗。雖然來自熱情奔放的西班牙，但是CAMPER本質上是家深具管理系統的企業，這得從它的歷史背景講起。由於CAMPER是從生產製造事業起家的，而非零售事業，在製造業務實的基礎下，要與他們合作並不如想像中容易。同時，CAMPER給的「功課」也相當多，像是週報表、月報表、銷售排行（top 10）等等，這些數據報告，我們全都要做好，並按時呈報，這是CAMPER務實嚴謹的管理面。

　　經營者關心的是什麼？我也從Fluxá先生身上學習到，經營者不必看密密麻麻的數據及表格，只要透過幾個關鍵數字，就能從中捉出他要的答案，找到適合的合作

對象。說穿了,他重視的東西很簡單,就是「你有沒有賺錢?」他希望合作夥伴是有利潤的。

不少代理商都非常在乎自己的權利,常會囉囉嗦嗦地跟品牌原廠爭這個、要那個,像是這雙鞋要退、那雙鞋要退。但是對於這樣的合作對象,Fluxá先生通常只會問一句:「你有沒有賺錢?如果沒有賺錢,就不要說了。」的確,就像不少人失敗了就找藉口,有些代理商也因為不賺錢才會變得這麼囉嗦,光從這一點,Fluxá先生便會決定要不要合作。

此外,CAMPER還讓我學到很重要的一件事,就是「做得對遠比做得快重要,而做對的事情,永遠不嫌晚。」

相較於路易威登(Louis Vuitton,下稱LV)、古馳(Gucci)等時尚品牌,或是彪馬(PUMA)、耐吉等運動品牌,幾乎都在十年以前就爭相進入中國市場,CAMPER卻是在2011年底才在中國開出第一家店。在搶灘中國這個大市場上,它的腳步明顯慢了許多,但就像這個來自地中海小島的品牌標語「用走的,別跑。」(Walk. Don't Run.)一樣,他們認為,做得對遠比做得快重要,而做對的事情,永遠不嫌晚。

生產製造的背景,讓CAMPER總是習慣站穩腳步再

出發。CAMPER於1992年開始跨入國際，但從不急著擴張。1997年我將CAMPER引進台灣，用「談戀愛」來形容與他們交涉的過程，一點也不為過。CAMPER要先確認合作夥伴很喜歡他們的品牌，而他也喜歡你，雙方要有共通的特質，才有合作的可能。這點我們很像，就像我堅持，自己喜歡的東西才會代理。畢竟，雙方都有熱情、都有愛意，願意為彼此創造最大價值，才能談一場好戀愛。

可以說，慎選合作夥伴也是CAMPER「站穩腳步」的策略之一，這樣的策略也為CAMPER創造出銷售佳績：2006年，CAMPER全球總營業額為1.5億歐元，這個數字在2011年成長到2.3億歐元，那一年歐洲的經濟局勢不好，它還逆勢成長了7%。

不依賴市調，真實體驗市場成熟度

真正開始進入中國市場後，CAMPER也不急著開店。在他們的想法中，每開一家店，都希望它是能夠長久經營的，若是貿然進入一個市場，開了店然後又關掉，會對品牌造成很大的傷害。

因此，他們的策略絕對不是常見的「先進入市場卡位」，搶先做市場的先驅者，反而是靜候市場成熟了，才評估開店。而所謂的「成熟」，並不光是指經濟方面，還

包括當地消費者對生活文化的體驗，特別是CAMPER鎖
定的客群在中高階層，需要的是更為成熟的市場。所以，
CAMPER在亞洲最早進入的市場是日本，再來是香港、
台灣，其中第一家海外門市是在台灣，綜觀來看，這些地
區都有不錯的業績表現。

在進入一個新市場前，企業往往會委託專業機構進行
市場研究，然而CAMPER不看人民平均年所得，也不委
託專業機構做市場調查，他們觀察的指標是當地百貨公司
的類型、家數、營業額的成長速度，以及觀光人數，這些
項目才能顯示當地的生活水平和消費層次。

台灣本身就是一個成熟的市場。在引進CAMPER
時，Fluxá先生甚至親自來台灣，請我帶著他去逛每個重
要的商圈。他逛百貨公司時，不單單只看它的位置，還會
丟出各式問題：「這裡主要賣什麼？客層為何？有沒有書
店？」這是因為CAMPER是非常注重人文深度和素養的
企業，所以Fluxá先生才會不斷拋出這些與CAMPER核心
價值相關的問題。

「不受他人影響，維持自己的步調」，在我看來，其
實就是CAMPER這個品牌的最大特色，這也是他們會成
功的關鍵：以最慢的速度，走最長的距離。

就像我在好多次受訪時不斷地強調，CAMPER家族來自西班牙馬約卡島，他們非常重感情而且令人覺得溫暖，當你能夠獲得他們的認同時，你便成為他們的家人。而我非常幸運地，在CAMPER四十年的歷程中，投資並參與近二分之一的時間。我想，我是做「好」了一件事，就是與CAMPER這個品牌結緣，創造了美好的人生。

至於Fluxá先生，他對我影響至深，甚至對我的人生帶來很大的改變。他讓我看到，一個人可以這麼寬廣、這麼有創意、這麼會享受生活，又這麼積極正面，經營建構出這麼有創意的一家公司，無論是鞋子的設計、陳列方式或印刷品……都能看到他獨樹一幟的人生哲學，這也是讓我最值得學習的對象。

自我品牌的呈現，需要學習與累積

除了從CAMPER學習以外，在跟來自世界各國的代理商和設計師一起工作後，還讓我更了解到「自我品牌」的重要性，透過他們，我終於了解為什麼歐洲人總透露出一種隨興自在卻信心十足的感受，不管行走、用餐、工作、休閒，他們的裝扮和談吐，都以能呈現出「自己」為考量——每個人都該有適合自己的樣子，而不是盲目跟隨潮流，使自己不像自己。對世界知名的設計師而言，「你就是你」，便是他們對別人最好的讚美與欣賞。不過，想

要呈現出「真我」，便需要學習和歲月的累積。

　　設計師Martin Margiela就給我很直接又強烈的衝擊感受，並常讓我禁不住地驚嘆：「哇，這個人是何方神聖啊！」他設計的鞋子總是吸引著我的目光，一般來說，尖頭高跟鞋不會那麼吸引我，但對於很有個性和內涵、能流露出藝術家內在潛質及感性的鞋子，卻是我相當鍾情的。

　　更重要的是，Martin Margiela讓我想起小時候母親把褲子改成裙子的回憶，母親本身就是一個解構設計師，Martin Margiela的作品喚起了這種記憶及暖度。

　　另外，在他的作品裡，我還看到質料的手感，讓人覺得很溫暖、很舒服。我是在觸摸到他設計的一件衣服以後，才感受到這股溫度，後來才慢慢、慢慢走進他的世界。

　　再來就是前衛藝術川久保玲。她和Martin Margiela兩人都是以解構式的剪裁手法闖出名號，並稱1990年代的解構派大師，迄今歷久不衰。這是因為他們的作品充滿哲學底蘊，他們是掏出腦中的思想在做服裝，有創意又大膽，所以令我崇拜。說來有趣的是，我迄今仍無法忘懷川久保玲的作品曾帶給我的印象。

　　記得我在二十幾歲時，造訪一家國外的餐廳。在餐廳裡，一轉頭就看到一個女孩子，穿著白襯衫，配著一件黑色的裙子，頭髮梳得整整齊齊的，整個人端坐在那兒，說不出為什麼，但我的直覺告訴我，這個女孩子身上穿的肯定是Comme des Garçons。那個印象，從二十幾歲看到，至今仍非常鮮明。

　　川久保玲的服裝確立、加深了那位女孩的個人風格，即便女孩略顯豐腴，卻也不減損她的氣質，所以，我深深覺得服裝跟個人風格，以及這人在追求什麼樣的人生，彼此之間是會產生交互影響的。

　　事實上，在國際時尚藝術界享有盛名的比利時安特衛普皇家藝術學院（Royal Academy of Fine Arts），他們培養時裝設計人才的課程中，就非常重視「自我品牌」的呈現。

　　在四年的課程裡，除了第一、二年的基礎課程與藝術課程外，第三、四年都是屬於創造設計的課程。特別的是，第三年的設計課並不是要為模特兒或別人設計衣服，而是要為自己設計。在這一年的課程過關後，第四年才能進入為別人設計衣服的課程。

　　這樣的課程安排顯示出，校方認為一個優秀的設計師

必須先從了解自己開始，能夠為「自己」這個品牌發想出
最棒的設計，才能為別人設計出優秀的服飾。也就是在這
樣的教育理念下，每年皇家藝術學院的畢業生都有令人驚
異的表現，並在國際時尚舞台上占有重要的地位，我非常
欣賞的Martin Margiela便是皇家藝術學院的畢業生。

　　Azzedine Alaïa也是我很尊敬的設計師，從他的身
上，我看到設計師如何讓自己在世界時尚舞台上，有著舉
足輕重的位置。

　　Alaïa是被稱作「貼身剪裁之王」（King of Cling）的
時裝界傳奇設計師，他的身高只有一百六十公分，身邊卻
總傍著一百八十公分的超模美女。全世界最有權勢的女人
都喜歡他，而他也做出全世界女人最想要的衣服線條，採
用皮革和彈力棉為女人設計出如同「第二層肌膚」的裙
裝，透過匠心獨運的剪裁，讓女人無論是胖或瘦，都可以
穿這麼夢幻的裙子。Alaïa裙裝的樣子，就如同芭蕾舞的
蓬裙，像是每個女人從小在心中都有的那個夢──穿著芭
蕾舞裙蹬高、旋轉。

　　因此，即使是身體概念、設計風格都與Alaïa迥異的
川久保玲，都曾折服地說：「我永遠都很尊敬Alaïa。因
為他是用心和熱情在做設計，他堅守自己的理念從不妥
協！」而我更從Alaïa的作品看到難得的同理心，因為很

多設計師在設計衣服時，只是一味地追求設計感，但實際上，那些衣服要麼是根本不能穿，要麼就是得具備某些條件的人才有資格穿。然而，時尚要真的能走入生活，才稱得上是時尚！

有道是「學海無涯」，沒有止盡，但因為能站在這些巨人的肩膀上，這些珍貴的經歷，讓我得以看得既高又遠，能見到的視野也就不同。

9

帶著經驗去學習

　　人生總會遇上很多挑戰，就是要學習。你肯學習，就多一個成功機會；如果你不學習，就一點機會都沒有。

　　從愛穿CAMPER的消費者，搖身一變成為它的代理商，我不僅學習跨入商品的供應鏈，要學運輸、通路、經營門市，還要懂成本會計、營運分析。在這段過程裡，我是邊做邊學。對我而言，學習一向是相當重要的態度，因為只要肯學習，就會多一個成功機會，如果不學習，就一點機會也沒有。

　　我從小的學業成績並不突出，但完全沒想到，在成立喜事國際這十九年期間，我也能完成新加坡國立大學亞太高層企業主管的碩士課程、拿到學位。

被「推」去念EMBA

　　我常覺得，在我的人生路途中的貴人不少，這些貴人常適時「推」我一把，讓我得以開拓眼界，獲得新的視野。回溯去新加坡念EMBA學位的緣起，算是十分有趣，其實也是被「推」去的。

　　我有一位在瑞士銀行（UBS）擔任副董事一職的朋友，每回聚會，她聊的話題多半牽涉到政治與財經，我對這些領域沒有什麼概念，所以大部分的時間，她都是和我

先生交談，互相分享意見，就內容再深入討論。

但也因為她認識我們夫妻倆有很長一段時間，有一回她便對我說：「亞敏啊，我覺得妳很有意思，妳管理事業的方式與觀念，並不是在傳統認知的商業模式裡，但妳卻知道如何用一種很自然的方式去管理事業、去看待商業的結構。」閱人無數的這位友人在告知我這件事情後，就建議我：「我覺得妳應該去上個EMBA課程，將來妳會感謝我。」

突然聽到她的建議，我自是嚇了一跳，連忙問「為什麼？」因為工作及生活已讓我非常忙碌，根本沒有餘裕去上課。但是她卻堅持我日後一定會感謝她，然後就電話連線給新加坡國立大學（NUS）的主任，要推薦我到那邊念書。

當時我覺得很可怕，因為我的學歷背景是美工科出身，念商業是很難想像的一件事，特別是要念那些數字、會計學啊，一想到就覺得壓力很大。更重要的是，念EMBA並不在我的職涯選項裡，更遑論要遠赴新加坡讀書。這時友人不住寬慰我，並給我打氣，後來我便給她取了一個暱稱，喚她為「天使學姐」。

天使學姐相當積極安排，還邀請了新加坡國立大學的

教授主任來台灣跟我見面，見完面後，教授主任就立即決
定一定要爭取我去上課，然後又指派了因創新的教學方法
而榮獲新加坡國立大學「EMBA最佳教師獎」的蕭瑞麟老
師來面試我，此外，還要再經過新加坡國立大學總部兩位
主考官陳主任和曾教授的面試。在歷經重重面試後，憑藉
著在時尚產業十幾年的經驗，我被錄取了！

時尚是有產值的精品

老實說，在這個過程中，一直到最後一刻，我都不認
為自己能去進修，真的是考量到自己的時間、著實分不開
身，但祕書卻走到身旁對我說：「馮小姐，我替妳整理資
料也有一段時間了，看著看著覺得課程十分有意義，我自
己都想去上了，為什麼妳不去上？」

這樣的舉動及畫面激勵了我，應該去提升自己在任用
專業人才和經營管理方面的知識，所以我決定出發了。我
終於踏出這一步，跨海到新加坡念書，並於2009年順利
畢業。

作為新加坡國立大學第一個來自時尚精品產業的學
生，我相信一開始EMBA班的同學難免會覺得我很「異
類」，而且對我所從事的產業也相當陌生，更遑論會覺得
我有什麼本事。

　　因此，一到EMBA的課堂裡，除了自我介紹之外，我首先定義的一件事就是：「時尚是精品，不是奢侈品。」中國市場把luxury goods定義為奢侈品，我卻認為「奢華不等同奢侈」，「奢華是專屬的、有門檻的、和生活匹配的；奢侈則是和你生活不匹配的、多一塊錢都是多餘的。」

　　而精品在美學經濟裡是有產值的。特別在幾個學段中，我都相當幸運能夠遇到在台灣不可能接觸或參與到的知名教授課程，其中，台灣知名的管理學博士許士軍教授，更以宏觀的角度看時尚產業，並把它定義為新興產業的軟實力，將無形的心靈層面，產出有形的產業價值，他的見解令我頓悟了產業的供應鏈關係，也讓我了解該如何看待產業平台的價值。

　　特別是儘管全球經濟增長放緩，在2015年，愛馬仕（Hermès）第二季財報顯示銷售額同比增長22%，酩悅軒尼詩—路易威登集團（Louis Vuitton Moët Hennessy，下稱LVMH）和開雲集團〔Kering，原名法國巴黎春天百貨集團（PPR）〕表現也同樣亮眼。根據研調機構統計，全球前一百大精品公司去年創下2,142億美元的銷售佳績，平均年成長8.3%，營收較2012年成長了10.3%。而《商業周刊》第一四五七期的封面故事，更以「打敗不景氣！跟精品業學越貴越好賣」為大標，無一不是證明我之前在課

堂中所強調的：「精品是有產值的。」而且我也堅信，今日的奢華市場，就是未來的大眾市場。

　　起初我以為到新加坡會呈現出度假氛圍，畢竟新加坡給我的感覺就是如此，然而事實卻不然。在新加坡國立大學的上課情況是，每天早上六點半就要起床，到了學校有一連串的密集課程，放學後還得和同學進行課後討論，常常結束回到飯店都已經凌晨了。儘管課程是全華語教學，但因為規劃不同，上課地點除了新加坡外，還有日本、韓國、澳洲、台灣等地，得當空中飛人在各地奔波。雖然占據很多時間、耗費許多精神，但卻很有成就感。

組織架構讓管理有歸屬

　　我一直認為，管理才能一定程度上是天生的（from nature），前面也提過，我管公司就像管家，如同古人說的「治大國若烹小鮮」。EMBA課程給我最大的收穫，便是讓我更清楚了解目標設定，以及如何透過量化管理來達成。再來就是組織架構，組織架構是我在EMBA的第一堂課，由具「台灣企業家導師」之稱的司徒達賢教授授課。在司徒教授等管理巨擘的教導下，EMBA的課程讓我更加清楚地理解組織管理，獲益匪淺。

　　組織架構為什麼重要？舉例來說，很多人都常問我一

個關於品牌管理的問題，好奇我一個人是如何管理七十幾個品牌？

說真的，聽到這樣的提問，我常覺得疑惑，「為什麼會這麼問？」「為什麼管理這麼多品牌，就會被認為很厲害？」說穿了，它不過就是應用到管理系統，也就是由組織架構發展出來的管理技巧。

組織架構出來，人便會有歸屬，品牌也自然會有歸屬。像在喜事國際的組織架構裡，便會明確陳述，誰負責CAMPER的商品、誰負責團團的商品、誰負責團團的營業……等，工作職掌相當清楚，一目了然。這是運用管理系統去做成的組織架構，所以如果你不懂組織架構的原理，當然也就做不出來，只能東丟一個、西丟一個。同時，若沒有組織管理的流程，你也無法知道人才要如何管理，即便招攬到再優秀的人才，你也不知道該怎麼用他。

另外，讀EMBA時，上課總會問這些問題：「你的消費族群在哪裡？」「哪些人是你的消費者？」針對這些問題，我總是回答「年輕的心」（young heart）。有年輕的心的人才會愛時尚，而這無關年齡。這種精神其實也貫穿了我的整條職業生涯。

不過，很多時候，EMBA課程的內容是令我感到困惑

的，好比說，課堂上強調「領導者要放手，讓下面的人做決定。」我懂得需要放手，讓部屬有成就感，但在課程中讓我真正意識到，在放手之前做到流程管理（SOP）和知識管理的重要性。

為了這些不解，我常常在思考，也透過不斷地辯證，得到新的啟發與學習。因此對我而言，EMBA課程最痛苦的莫過於剛開始不懂的時候，後來在了解群體生活的互動與溝通之後，我領悟了許多以前工作經驗中欠缺的財務會計管理的分析、供應鏈等相關關係，由此可以想像我內心的感動及感恩。

長期擔任新加坡國立大學企業管理課程主講教授、現為華南理工大學教授的陳春花博士，是我相當敬重的老師，她曾在〈重尋發展的力量〉一文裡，以我為例，講述文化企業家對於文化遺產固然執著和驕傲，但不是盲目的偏愛，反而是東西方最佳的整合者。同時，在一次異地教學的授課，看到我特地從台灣飛到廣州，把經營、設計理念及自己的作品寄給她的認真。

對我而言，雖然是被「推」出去念EMBA的，但熟識的朋友都知道我是一個相當負責任的人，一旦開始，我就會十分認真，拿出我該有的態度來，特別是學習時更應該如此。

讀萬卷書，不如行萬里路

因此，在最忙的時候我去新加坡念EMBA，畢業後接著去北京師範大學讀了哲學管理，因為我想知道如何運用中國的哲理，透過西方的管理工具實踐人生哲理。這時很幸運地，我又被推薦到亞洲第一的中歐國際工商學院（CEIBS），就讀每年只招收五十位的全球總裁班課程。同時我也是以軟實力進入中歐國際工商學院的女性CEO。

全球總裁班是一門特殊的高層經理培訓課程，由三家在全球享有盛名的商學院——中歐國際工商學院、西班牙IESE商學院和美國哈佛（Harvard）商學院——整合推出。

因為頂尖商學院的課程，又讓我開始空中飛人的生活：前段學程在中國上海校本部，2011年夏天我們前往西班牙巴塞隆納IESE商學院，一星期內每天從早到晚透過分組討論與答辯，與外國教授們進行實例討論及切磋，獲益良多。

其中，學校還安排我們參觀當地知名酒莊——多利士（Torres）酒廠，當晚我們前往知名教授佩德羅‧雷諾（Pedro Nueno）位於山上的房子，體驗當地中古世紀的生活和地中海料理。過程中，最令我們全體學員驚豔的是

在房子裡的一堂小提琴欣賞課，當樂曲表演完後，教授詢問我們：「有沒有認真聆聽？有沒有發現每首樂曲的高低起伏呢？」這樣的做法便是要我們體驗，在我們職掌的企業中，時代的轉變就如同樂曲，會有起承轉合的變化。同時，也要我們學會撥出時間，重新靜心去檢視自己企業平穩的狀態。

　　同年夏季，我們到美國哈佛商學院完成最後一個學段。讓我印象深刻的是，學員們不能住在飯店裡，而是由學校統一管理，住在校園的宿舍。這段歷程有如時光倒轉，回到年少時住校生活的樂趣，也讓我們這群平日出入有車、生活有人照料打理、擔任領導者的學員們，頓時事事都得躬親，連洗衣服也要親自動手。在哈佛，除了學習管理的知識，最珍貴之處其實是讓企業領導者重新體驗日常生活的樸實點滴。

　　2012年，我們中歐全球總裁八班，好學不倦地組團前往英國倫敦遊學。這趟旅程，參觀卡爾頓俱樂部（The Carlton Club）、英國議會、著名的牛津大學（University of Oxford）及孕育許多知名設計師的中央聖馬丁藝術與設計學院（Central Saint Martins College of Art and Design）。最後的中央聖馬丁藝術與設計學院是同學們特地為我安排，讓我得以和校長及教務長開會交流，期望日後我們雙方有合作的機會。

用興趣增加能力

為了讀書，我每週都要坐飛機往返，在旁人眼中想必看起來很瘋狂。不過其實我時時刻刻都還滿瘋狂的。

因為，面對眼前的事，我就會想辦法去解決它。我玩的時候也會很開心，有時候我在進行招聘時，還會問對方：「會不會喝酒？會不會跳舞？會不會唱歌？」我覺得要會玩的人，才有創造力，我喜歡靈活且正面有活力的人。

我的外甥曾經受到喬丹（Michael Jordan）熱潮的影響，變得非常迷戀籃球，讓我姊姊非常擔憂。我建議她，不妨買本喬丹的英文自傳給孩子，用他有興趣的事增加另一個能力。對我而言，管理公司也是這樣：發掘員工的興趣，用他的興趣增加能力。人只要管理好自己，就一定能管理好公司。

學無止盡，重點是「在什麼年齡、什麼階段，其實都該調整好自己的角度。」時尚行業的巨大市場就像是個美麗的蛋糕，而我有明確的定位，只希望用自己的烹調法（recipe）來經營認同我們的人，引導他們認識真正的自己。

Part 2

精準的華麗

———————————— 不放過自己 ———————————— 也不放過別人的細節管理

10

華麗成績，來自精準的管理

　　想要成功經營與管理時尚事業，就得很精準、很細節，也很「魔鬼」。因為，我們是「管理時尚」，也是時尚產業的「工作者」，而非只是外表光鮮亮麗的「時尚人」。

　　對品牌代理商而言，最大的壓力莫過於庫存，因為代理商跟分公司不同，分公司的商品不用買斷，跟總公司之間可以有貨品上的調動，但是代理商卻等同於另一家公司，必須把貨買斷，因此一旦庫存多，就代表把現金壓在倉庫，沒有任何的周轉效用。可以說，庫存管理是華麗背後的現實生活。

庫存風險造成人員流失

　　1997年為了代理CAMPER，我成立喜事國際，CAMPER的市場占有率雖然逐年上升，但因為它是單一品牌，所以沒有什麼庫存問題需要煩心。隨著合作的品牌越來越多，喜事國際從單一品牌的代理，進入多品牌代理的經營模式。但是在公司轉變的同時，卻有兩位我非常倚重的高階主管陸續離開，讓我感到驚訝和不解。

　　當時我想：「這公司越來越好玩了啊！又加入這麼多有趣的東西，怎麼卻要離開了呢？是覺得公司的福利不夠好嗎？還是覺得薪水太少？」在我看到龐大的存貨數字後

才恍然大悟。

雖然跟單一品牌相比，多品牌管理公司的庫存風險是不得不存在的壓力，再加上了解「當公司組織變大，責任也跟著變大，這麼多人跟著你，能說不做嗎？」於是我痛定思痛，回頭思考自己創業的初衷，決定不能因此就退縮，如何盡量將庫存的問題降到最低限，便成為我要讓喜事國際更強壯的第一個考驗。

將倉庫搬回總部，隨時精準掌握庫存

為了正面迎戰、最有效地處理庫存壓力可能發生的疑慮，我乾脆直接將倉庫從外地搬回位於敦化南路的總部辦公室內！當時不少人都覺得這個決定相當瘋狂，像台北市這樣寸土寸金、極端講究坪效的地方，我竟然膽敢將倉庫搬遷到此。事實上，在這寸土寸金的地段，喜事國際的倉庫恐怕也可以寫下另類的台灣之最，堪稱創舉。

我會採取這樣的做法，當然並非有勇無謀。我的想法是，當倉庫在外地時，因為空間大、地方遠，根本不容易感受到庫存的問題，但把倉庫搬回辦公室旁邊，因為這裡的地段寸土寸金，再加上還有辦公空間的運用，就等於是提醒營業部、商品部及每一個人，都必須隨時檢視庫存、嚴格控制。

　　至於要嚴格控制存貨到什麼地步，也是有學問的。我嚴格要求並執行，只要站在倉庫前，就要能一眼看出有多少商品庫存，而且每一樣貨品都要分類整齊，不論樣式、尺寸、顏色，絕不能有貨品隨處散落在倉庫的狀況。

　　將倉庫搬遷到辦公室旁的另一個好處是，我和負責的品牌經理也可以每天都查貨，督促了解貨品的銷售和狀況，對於日後的進貨預算和策略也能有更精準的判斷。

　　而為了確實掌握員工是否有做好庫存管理的工作，我還設計了「假炸彈」的遊戲，就是在一批貨品中夾雜空箱，裡頭寫清楚回報時間，一旦店員沒有確實清點，就不會發現貨品中夾雜假炸彈。時間一到，假炸彈就會引爆，總公司就會來檢查這間店的庫存倉管是不是有問題。我一直相信，管理除了需要方法，也是相當需要創意的。

跳脫傳統，營採合一權責分明

　　在我開創品牌代理的事業時，全憑個人的熱情和直覺，但隨著旗下品牌越來越多，個性也都大不相同，店數便跟著增加。在時間和經驗的累積下，公司的人員及辦公室坪數開始擴展，所有的成本也在增加，必須要用企業管理的方式去經營規劃。

原本我是採「營業與採購分開」的經營模式，因為產業裡的大家都這麼做。可是在實際運作的過程中，我卻發現這樣是行不通的，因為大家會互推責任，像是產品賣不好，採購的人便會推說是管裡的人不會控管，管理的人則會埋怨採購不必直接負責。

這些經驗告訴我，必須將經營模式轉變成「營採合一」。於是我在公司內劃分出兩個營業部門，分別獨立負責幾個品牌，下轄各自的採購及營業人員，只有行銷和財務單位是獨立的、不隸屬於特定營業部門。這也回應到我在前一章所提到「組織架構」的重要性。

營業部門必須站在銷售的第一線，直接面對消費者，並經由詳細的資料分析，直接採購符合顧客需要的產品，以減少庫存風險。

我以因「機車包」出名的法國貴族品牌巴黎世家為例。這個品牌的管理方式是，首先，採購人員和品牌主管握有預算，預算多寡端視品牌店面數、店面位置、營業額而定。他們會和店家與銷售人員開會，討論每一季的採購重點，依據目標客群的需求和定位來下訂單。

等到進貨之後，商品會直接進入營業單位，每日的銷售數量和款式都會即時顯示。由於我們有完整的客戶資料

檔案，所以哪些客戶買了什麼產品、每一件商品剩下多少
數量，我們都有詳細資料。

運用知識掌握銷售情報

　　除了握有精確的產品銷售及客戶消費紀錄等資訊，我
們也會運用「知識管理」來分析各品牌的客群、銷售狀
況、客人偏好的款式等。例如，今年有位客人大手筆買
了50萬，但往後卻沒再上門消費，那就要深入分析及研
判，該名顧客可能是外來客，而非主顧客。對於資訊，一
定是考量全盤，不能光憑結果就做出判斷。

　　我也會請公司的銷售人員培養對流行時尚的判斷力與
敏銳度。比方說，有些銷售人員可能只習慣從數字判斷，
像是賣得好的款式就追加。這時候，我通常會請他們從銷
售好的款式中，再進一步分析受歡迎的線條和顏色，以供
採購人員參考。

　　很多人都很容易陷入一個銷售迷思，只要特定款式賣
得好，就要趕緊追加進貨，在我看來，卻不見得要如此。
因為顧客的喜好不斷在變，即使喜歡某個款式的衣服或飾
品，也很難一再重複購買，所以採購及銷售人員要能研判
顧客的「胃納量」。也因為喜事國際旗下團團精品的商品
品質和創意，我們很清楚團團的族群是位於金字塔頂端的

客層，這樣頂級的客層，都是有實力和豐富精采的人生。

　　同樣的道理也適用在設計師身上，設計師也不可一直推出同一種風格的作品。我就曾經遇過，某品牌的設計師當年度作品太少，以往他可能一下就推出三百款，當年卻僅有一百五十款，致使採購買不到公司給的預算額度，只好向我求救。

　　知道了這個情況後，我先請她別輕舉妄動，如果硬是湊到預算額度，款式勢必會與原先的一百五十款重複，最終導致產品滯銷、造成存貨。這就是這個產業的細節：「做決定時不能光看一個點，還要顧及前因後果。」從這裡就可以知道，我們非常重視存貨管理，絕不是空口說白話，的確是以嚴謹的態度來面對。

全盤考量，不以結論妄下判斷

　　自然而然地，我在處理報表時也不會只看「結論」。比如說，假設庫存欄的數字是兩百（雙）時，別人可能會嚇一跳，但我卻會回頭去查閱最初的進貨量。如果是進五百雙、剩兩百雙，就還在可接受的範圍內，因為這必定是經典款的庫存。

　　相反地，我最怕看到的反而是一雙一雙的零碼鞋，這

樣不但很難賣，最後也很可能累積成五百雙。碰到這種狀況，我們會回頭檢視該產品在哪個銷售點賣得好，並且研究該專櫃小姐的銷售方法，確認她有信心後，我們就會將該款鞋子全部調給她賣，以達到零庫存的目標。

　　因為這樣的理念，雖然我們身處在華麗繽紛的時尚產業，但本質上仍是「管理時尚」的公司，是時尚產業的「工作者」，我們的使命是達成營業目標、管理庫存，而非只是外表光鮮亮麗的「時尚人」。

11

時尚產業的生存法則：堅持與創意

時尚的美麗像是蛋糕的鮮奶油，另人垂涎，但是個中滋味卻只有身歷其中的人才會了解：時尚產業需要「堅持」及「不妥協」。

當年《穿著 Prada 的惡魔》電影紅極一時，就連小說都十分賣座，沒多久，就開始有人把我比喻成「台灣版的 PRADA 惡魔」，形容跟我做事要有很大的抗壓性，還繪聲繪影地形容，我總是以高標準檢視每一件事情又難以妥協，甚至會為了達到更好的成果，在有效的時間內總是一改再改。

原地不動代表退步與落後

事實上，《穿著 Prada 的惡魔》講述的故事背景是一家雜誌公司，它們的管理思維及操作模式與國際品牌代理大不相同，更何況，國際知名雜誌多半是有人送衣服、送禮品，讓相關從業人員的生活也繽紛多姿。但代理公司卻不是如此，代理商經營的是內銷市場，國際品牌原廠看待代理商的角度，絕對是「賣不出商品，就沒有理想可言」。

這就是為什麼我會不斷強調，時尚的美麗像是蛋糕的鮮奶油，另人垂涎，但是個中滋味卻只有身歷其中的人才會了解：時尚產業需要精密及嚴謹的管理。

因此，很多人將「難以妥協」解讀為一意孤行，說好聽一點就是有自己的堅持，但我始終認為，從事時尚產業的人，如果沒有不妥協的精神和毅力，沒有勇往直前、不怕周遭壓力的勇氣，怎麼可能會有讓人驚異的作品？精品最獨特的魅力就在於每個環節都多一點點仔細，且落實百年，若是缺乏毅力、輕易妥協，精品也就喪失靈魂了。

由於時尚產業跟視覺的關聯性很強，如何創造出吸睛的視覺效果絕對是我在更換櫥窗設計或製作平面宣傳物的基本要求。在此基本要求之外，創意與獨特感則是必備的元素。畢竟，在我們這個產業，原地不動就是退步和落後！

用圖像式思考，傳達獨特意念

從小時候開始，我就不喜歡跟著別人的腳步走，工作上喜歡做跟我周遭和想像有所關聯的。因此，每次只要設計新的文宣品，設計部同仁的壓力就會很大，常常對我說：「不是昨天才改過嗎？怎麼又要調整？」

不可否認，我的要求的確會造成同事們的壓力，但在求好心切的前提下，我也常站在視覺設計人員後面盯著。例如團團剛成立時，我希望能做出一款在視覺上可以有聚集團圓的意念、在創意上又能不落俗套的背板，好當成開

幕酒會以及櫥窗的主視覺。

隨著時間一天天過去，開幕酒會已迫在眉睫，卻沒有任何一款讓我覺得符合要求的成品出現，同事們提交的設計不是沒有獨特性，就是看不出要表達的意念。

這時，心裡生氣又擔憂的我，隨著團團的進貨、店面等事項一一就定位，心中對於開幕酒會所要呈現的背板主視覺，也有越來越清晰的畫面。

有一天，我在設計部突發奇想地將一張張紙撕破，以相當隨意的方式排列，拼貼出團團的字樣，並要求設計部同事將我貼出的圖樣，以電腦排出並加上色彩。於是便完成了以馬賽克形式排出的海報初步雛形。各式各樣形狀如馬賽克般的色塊，象徵團團乃是集眾品牌之最的複合式精品店，而在色塊巧妙的排列分配下，更讓團團的字樣不論從哪個角度看都很清楚，在開幕酒會上，醒目又具新意的背板的視覺效果，果真引起很大的迴響和注目！

對於圖像，我似乎有一種與生俱來的敏感度，同時我也相當習慣用圖畫做筆記，因為任何事情進入我的腦海中，都會化成一張張圖畫，我猜想，這是因為自己從小就愛看漫畫、童話書，逐漸養成的圖像式思考習慣。

透過圖像溝通，快速達到共識

　　全職當家庭主婦的七年生活，我主要的溝通對象就是
先生和孩子，一直到開始代理事業後，我才發覺，有很多
事我沒法以口說和文字清楚地交代。於是，我想到之前為
了讓孩子們可以自己管理衣物、分門別類地把東西放好，
便在紙上畫各種圖案貼在抽屜上的方式，慢慢練習將想法
畫出來，變成一張張清楚的圖像。

　　遇到自己講了很多，對方仍不得其解、沒有辦法的時
候，我就用畫的，這樣的方式反而更真實，因為我馬上
就可以把想的事情畫出來。更重要的是，每次做事，我就
會有自己的畫面產生，透過畫面來陳述，幫助理解，於是
大家的畫面跟我的畫面變成相同，與人溝通也更快達到共
識。

　　後來，小到品牌的平面廣告、同事間的溝通，或是和
合作夥伴洽談舉辦活動等，我都能利用圖像達到更好的效
果。

　　舉例來說，時尚品牌常常需要辦活動，在寫流程企劃
時，我便會要求同仁，不單要列出時間表和文字陳述，
就連每個場景的畫面也要畫出來，比如這段時間裡會發生
什麼事情。要能想像，並用圖畫呈現。因為我這樣的要

求、為了要能有畫面，活動情境的所有細節就會被仔細想過一遍，等活動結束後，最後媒體拍到、刊登出來的照片，都和我原本設想的差不多。

又譬如有一次，喜事國際代理的日本潮流設計師品牌UNDERCOVER要辦新店開幕活動，我和對方討論數次都沒有共識，最後我提出用玫瑰花布置現場的構想，對方起初沒什麼反應，我猜想：「是不是因為每個人心裡的玫瑰花都長得不同，用講的，也許他們無法完全理解我要呈現的感覺。」於是我改用畫的，把玫瑰花的大小、數量、擺放位置、呈現方式統統畫出來，當清楚的畫面浮現，雙方自然很快就達到共識，也順利完成活動。

畫出來的習慣，不僅是我與人溝通的工具，長期累積下來，畫出來的動作和圖像式思考，也讓我對所有事情的思慮都能夠有具體的畫面。而這麼做也讓我更能掌握事務的全貌，唯有掌握全局，才能有完整圖像的概念，甚至連細節都會注意到。

更重要的是，畫圖做筆記對我來說也是一種沉澱方式，由於要做的事情很多，經營管理要有想法，還要保持創意，所以，每天在筆記上畫下的圖，不但是學習或靈感的紀錄，也是心情的寫照。我認為，一個人若沒有沉澱，根本不可能在生活中提煉出更好的想法。

學習用不同角度看世界

因為自己很愛看漫畫和童話書，至今我的辦公室和家裡書櫃上還是有滿滿的書，我也買了很多書給小孩，跟他們分享。以前小孩子會塗鴉，把好好的一面牆塗得五顏六色，快把保母嚇死了，我和先生見狀卻是相視大笑，「牆壁再漆一漆就好了，看到小孩會畫畫，反而覺得是件好事。」我覺得畫圖、圖像思考對我而言，不但是溝通的工具，更是增長智慧的根源，更有趣的是，圖像思考能夠突破框架，激發及滋生更多靈感與意想不到的創意。

跟CAMPER合作的過程中，我便大膽嘗試了很多以前業界不曾做過的方法，外人看來或許會覺得我就是喜歡標新立異，不了解時尚真正定義的人，也許會認為時尚圈就是以搞怪為宗旨，越怪才能越引起注意。

然而這些只是對時尚的膚淺想法，事實上，每一次不管是喜事國際或團團的活動和主題設定，都是表達一種訴求、一個對未來的想像。

就像在時尚界總占有一席之地的時尚設計師，便是以一季又一季的時裝展呈現出他們對世界或社會潮流的觀感和期許，這也是我們之所以能在伸展台上看到川久保玲使用高級華麗的布料，卻設計出有撕裂、虛邊等破損樣貌

的服飾的原因：她想以這樣的作品呈現出她對「沒落貴族」的詮釋。又或是Alaïa總會以束腰馬甲表達出他對女體曲線的欣賞和表現。

因此，當CAMPER十週年慶時，對於這樣一個將台灣走路文化帶入流行話題的品牌，十年的努力和成果絕對是一個值得紀念的里程碑。

當時為了能夠呈現十週年的紀念意義，雖然CAMPER只是在一樓的一個小小店面，但是我希望能以大型帆布將這棟房子的外觀整個包裹起來，呈現出非凡的氣勢。至於帆布上的圖形，則以CAMPER旗下所有鞋款的鞋底圖案拼畫出十棟大樓，以表現CAMPER十週年的外在主視覺意象。由於這件事的意義非凡，我甚至挨家挨戶地逐一拜訪這棟大樓的所有住戶，就是為了成功執行這個概念。

此外，這樣的主視覺也包裝在從紅毛城租借來的一輛復古公車上，從裡到外不但有十週年的主視覺概念，並載明CAMPER十年來在台灣的足跡和發展，以及一些好朋友與消費者對第一雙CAMPER鞋的難忘記憶。

這幾年很流行將公共運輸交通工具跟品牌做視覺上的結合，但其實早在2007年，我就已經做過這樣的嘗

試。而且這輛公車不只是做定點的展示，還會開到所有
CAMPER的店門口，讓大家可以實際來一趟CAMPER之
旅。

　　我在看待時尚時，總會多一份玩心和趣味，這樣的特
質也讓我學習到，「我們必須常常用不同的角度來看這世
界。」思維習慣不能養成固定模式，時尚說穿了就是由許
多小細節組成的，堅持及不妥協才是時尚界的生存法則。

整合通路價值，為國際品牌寫出在地新意

能夠將國際品牌轉化成與在地消費者溝通的語言，進而整合出獨特的通路價值，反向說服品牌原廠，是凸顯自身價值的重要方式。

相信大家都聽過開店選址的名言：「地段！地段！地段！」也就是說，地段就決定了這家店一半的命運，但地段的好壞絕對不是只用黃金門牌、三角窗、大馬路人潮多就可以簡單定義，地點與事業一定要有全面的搭配，對於選點、展店、店面設計，我也有一套自己的見解。

對內，我在細節的執行上要求精確；對外，我同樣也是以堅持到底的態度為代理品牌爭取最好的權益，讓產品有最好的平台和曝光機會。

小小鹹魚櫃，創造亮眼成績

像是CAMPER的第一家店就不是開在車水馬龍的大馬路上，而是選擇開在鬧中取靜的台北市安和路。先前提過，我的想法很簡單，懂得享受生活的人，才懂得CAMPER的價值，也才會欣賞CAMPER的產品。所以台灣CAMPER的成功，我相信也來自於消費者所感受到西班牙文化與想像力的真實傳遞。

記得CAMPER在安和路成立第一家專賣店，獲得成

功迴響後，百貨商場也邀請CAMPER進駐，當時以樓層分類來看，CAMPER是被安排在六樓運動休閒樓層。

若大家有仔細留心就會發現，百貨公司樓面的規劃有其道理，一、二樓除了要能吸引來客之外，還有一個重點是「高貢獻度」，所以可以看到精品名牌、化妝品和女鞋等單價較高的商品都安排在這裡，而且百貨公司的消費者還是以女性為主，因此訴求女性的商品也往往會進駐一、二樓。以有吸引力、高單價的商品吸引來客後，再讓顧客繼續往上或往下逛，或者是先滿足主要購買者（女性）後，再滿足次要購買者，像是男性同伴家人或小孩。所以，通常直到三、四樓以上才是男性用品或孩童用品。

不過，二樓才是我心中認為應該展示CAMPER鞋的樓層，除了因為二樓多為流行名品，會逛那個樓層的消費者年齡層多為主力消費群外，我認為CAMPER鞋並不只是休閒鞋，甚至是時尚的搭配品，理所當然要放在屬於流行名品的樓層中。

然而百貨公司的每個櫃位都要計算坪效，也就是要依櫃位所占面積的大小設定每個月須達成的營業額。當時各百貨公司的二樓可說是眾家廠商的必爭之地，因此，當百貨公司的營業主管知道我們想要爭取二樓的櫃位時，馬上以二樓的消費群跟我們產品的屬性不和為由，回絕我們。

　　收到這個訊息後，由於我非常確信自己的判斷，於是我便備齊CAMPER的相關資料，包括品牌故事、設計理念，甚至當時非常紅的日本雜誌——在穿搭上就是少淑女裝搭配著CAMPER鞋——親自拜訪百貨公司，與營業主管討論。

　　經過完整的說明和溝通後，雖然對方還是存有疑惑，但在我鍥而不捨的堅持下，最終還是承諾讓我們在二樓有一個小平台，大概只有長兩百五十公分、寬八十公分的大小。

　　櫃子小歸小，我卻相信在對的位置，只要配上有創意的展示法，以CAMPER的商品力，反而能在眾多商品中凸顯出來。於是，我特別在展示方法下了一番功夫。跟一般鞋子專櫃的展示方法最不一樣的地方，在於我們將所有鞋款都像排隊一樣，一雙雙地直接排在平台上，讓到櫃上的消費者可以一眼就看盡所有鞋款。

　　這樣的方式果真奏效。後來，這樣一個小小的櫃子，真的如我所預期，創造出非常好的業績！在當時，每個月都可以做到將近200萬的營業額，很多比我們大出好幾倍的櫃位，可能都還做不到這樣的成績。因此，那時我朋友都戲稱這小小的櫃子是名副其實的「鹹魚櫃」。

依據在地生活型態，整合出通路的最大價值

之後，隨著喜事國際代理的品牌增加，有些店面設計是根據品牌的精神來設計，有些則跟隨原品牌的要求。然而，地點的選擇仍是最重要的事情，換句話說，我們代理的品牌必須與市面上其他品牌有群聚效應，同時還要考慮坪數大小，每坪必須貢獻出一定的營業額，例如五十坪的店面裡就不能只有一點點商品，這樣貢獻的營業額會太低。因此我們會針對不同品牌的商品項多寡，來選擇店面的坪數。

再來，就是店內動線的規劃。

我們之所以能讓國外品牌信任的原因之一，就在於了解當地的生活型態。光在視覺跟觸覺上，我們的消費習性便跟西方很不一樣。好比我們東方人比較保守，如果模特兒身上是以一整套的方式呈現衣物，台灣消費者就會整套買走，但在西方則不是這樣，衣服摺好放在一旁，消費者會自己主動翻來看、試穿，這是因為他們對品牌、材質的理解都比較好，在選擇商品時就會有不同的消費方式。

在台灣，十分需要大量的陳列空間，讓消費者一看就很清楚有哪些商品，這也是我上面提到為何會將CAMPER所有鞋款一字排開，讓消費者好選購的原因。

至於商店的形式，在亞洲多半聚集在百貨公司，歐洲則都是路上的小店，因此歐洲的陳列方式沒辦法原汁原味地搬來台灣。台灣市場這幾年雖慢慢有所改變，但仍是以百貨公司為主。所以，在地的生活型態、消費習性都會影響開店的地點，必須判斷是要獨立門市，還是設在百貨公司專櫃。

總之，能夠將代理的國際品牌轉化成與在地消費者溝通的語言，進而整合出獨特的通路價值，反向說服品牌原廠，是凸顯自身價值的重要方式。

站穩腳步，講求合理擴張

很多企業在成功跨出第一步後，便急著擴張，對此，我反而認為要做的是「合理的擴張」，我更看重的是經營的長久性及持續性。我常想，為什麼不能把一件事情先好好做好呢？所以我不會希望要迅速開到多少家店，反而要求自己先把第一家店做好後，才能考慮後面的事情。對於展店我相當慎重，對於收店也是如此。

一位業績遇到瓶頸的營業主管有天來找我討論櫃位變動的時程表，我看著他，眼神堅定地對他說：「在談這件事情時，營業額只能增不能減。」我接著問他：「你打算收這家店，那要告訴我，這家店原訂的營業額要挪到哪

邊？再來，人員怎麼安排？」

　　我只給他一個大方向，就是「營業額只能增不能減」，所以必須要展店。在思考展店時，前提是得了解收店的原因是什麼？也就是說，不管遇到什麼樣的困難都得忍住。儘管我口頭上用的是「忍」字，但其實我並不希望營業主管用「忍」來看這整件事，「忍」只是一個做法，重點是透過這個過程可以提升自己、提高規格，重新去思考這家店未來該怎麼發展。

　　最後我給了他一些建議，比如說在信義計畫區有這麼多新光三越百貨，就是可以考慮的資源，再來就是微風廣場，也是可以運用的。我認為，身為營業主管就要有營業額目標的概念，同時要對底下的員工負責，對商品推展更要負責，這些知識都是他必須要做的功課。

　　以前的做法，常常是高興就開店、不高興就收店，這其實不是專業。喜事國際主管們多半都由內部升遷，幕僚也都是自己培養的，我們就更有責任要帶他了解這些知識及策略。

　　最近，喜事國際將首度跨足保養品市場，仍是秉持我從事代理的最高原則，一定是自己使用過、喜歡的牌子。這個品牌是從藥妝店的概念出發，產品內容涵蓋廣泛，包

括牙膏、手霜、肥皂、香氛、面霜、去角質產品等。該品牌最大的特色在於原料及製程，減少了很多化學成分。要達到損益兩平的規模，我們就至少得花三年時間好好磨練。

儘管精品業者開始朝向多角化經營發展——像PRADA集團的發展策略就十分積極，2014年3月還收購米蘭百年糕點店——但是，無論市場風向如何吹動，我不會輕易跨入其他行業，還是強調要專注於本業。跨行業必定要有人才，必定要有些原因才會去做，並且要按照我們所能投資的時間和資源進行規劃，然而一切都仍需先把本業做好。

總而言之，我主張的是要合理的擴展，那也是一種優雅生活的反映，優雅的生活就是要從容，不能為了追求數字而放棄優雅的生活，那樣就一點美感也沒有了。

13 時尚人才，「態度」最重要！

　　拿到門票進來了，就一定要展現出自己的態度，若只有熱情，我想還是當個消費者就好！

　　2015年的春夏，若曾有機會走過團團精品、往裡面看看，就會發現店裡的櫥窗有一隻豬。

　　這隻豬最早不是擺在店裡的，而是在我的辦公室裡放了很久。這隻豬不是我的，而是先生設計公司所用的道具，使用完了之後，就這麼一直擺在我的辦公室。每次經過、看到那隻豬，不知為什麼我總有種嫌棄感，心裡不自覺想著：「它好醜喔！」我的意思並不是指這隻豬有多醜，而是突然看到一隻豬，隨意擺放著，不僅突兀又沒有美感。

　　在看了它約莫有半年以上的時間後，有天我在腦海裡便突然開始構想要如何把它變得可愛，甚至把它「活化」，變成能夠使用的家具。

挖掘人事物「美」的一面

　　由於這隻豬的頭上頂著一個盤子，看起來空晃晃的，於是我靈機一動，在盤子上鋪了假的草皮，並在草皮上放上蝴蝶和精緻的甜點盤子，這樣一來，大家就可以圍坐在一旁吃下午茶，這隻豬一下子便變身成為最與眾不同的優

雅午茶餐桌。

後來，我索性在地上也鋪起草皮，乾脆讓整隻豬都踩在草堆裡。在布置完成前，我越看越有意思，就直接跟我們的設計師說：「把它擺在櫥窗裡吧？」於是，設計師就沿用這個想法，把整個櫥窗架構出來。這個饒富趣味的櫥窗完成後，大受歡迎，不僅讓來客驚豔，就連其他店面也開始模仿，我甚至無意間看到另外一家公司給這隻豬穿上襪子呢！大家就這麼互相激盪、感染出新創意，我覺得非常有意思，這就是商業。

在我看來，一個東西會存在，必定有它美的一面，所以，如何把它變成美，或是挖掘出美的那一面，是我一直在想的事情。

其實，搭配的哲學就是如此。比如有些衣服，偶爾拿出來穿時，乍看之下會覺得它沒有想像中來得好看，甚至有點懊悔自己怎麼花錢買了不適合的衣服。然而這是不可能的，當初一定是有什麼原因，你才會買它回來，因此不妨回想，當時你是穿什麼試裝，或是做了什麼搭配，才會做這樣的決定。

我的工作任務就是要挖掘美。同樣地，任何事情會到你眼前，也必有所因。

　　這樣的想法也反映在我對「人」的態度上，特別是對公司的同事。他們會跟我一起工作、會進來喜事國際或是團團精品，當時必定有我看中的能力，或者是在那個當下，我有看到他們的潛質，因此，我就必須要努力，盡我之責發掘出他們美的那一面。

　　目前在公司裡有兩位美工設計，以我的標準來看，老實說，他們的設計水準要到達時尚的程度，還有一段空間及距離需要努力，但這兩位同事卻很肯做、肯學，所以，我就盡心教他們該怎麼提升設計水準及品味。

　　換句話說，他們有很好的技能，卻缺乏時尚知識，我不會只看缺乏的這一面，反而是看到良好的態度與能力，因此我會希望他們能夠把這些專業技巧與時尚知識搭配在一起，只要他們肯認真學習喜事國際旗下代理的品牌知識，還有我所謂的時尚歷史與邏輯——好比說，川久保玲在時尚產業是位居怎樣的地位？不能在一張海報裡，左邊擺一個川久保玲，右邊放一個高橋盾，這樣子搭配，明眼人一看自然就會貽笑大方了！因為高橋盾是川久保玲的後輩，同時也稱得上是她的徒弟，兩人在海報上的大小就不能一樣，更精確地說，是不能讓高橋盾擺得比川久保玲大！——這些都是必須清楚的重要觀念，通曉這些倫理、品牌知識與品牌規則後，在做設計時自然會更得心應手，日積月累下來，就有機會成為獨當一面的創意總監。

　　光是技術厲害,卻不肯學習這些產業知識,是無法成就大事的。所以,儘管投入這一行已數十個寒暑,我仍覺得有許多要學、要精進之處,也相當肯定時尚業背後強大的產業知識。只是,現在年輕一輩的工作者,常常都會有這些矛盾,但我卻認為,不管做任何事,只要堅持就一定會成功,不堅持什麼都成功不了。畢竟,馬步沒有紮好,一切都是空談。

後天熱情才會持久

　　站在時尚業長期觀察者的角度,許多人都好奇地問我:「究竟要怎樣的人才能在這裡生存?馮小姐,妳又如何看待時尚人才?」

　　其實嚴格說來,喜事國際是一家管理時尚和推廣品牌的公司,並不是一間時裝設計公司,因此我們需要的人才背景除了在國內外學企業管理、行銷品牌管理或是財務管理等專業之外,對時尚的敏銳度和喜好,也一定是我在尋求這些專業人才時的基本要求。當然,要進時尚產業,「熱情」絕對不可或缺。

　　在我看來,有一種熱情是與生俱來的,也就是因為自身喜好而產生的,另一種則是後天的,這種熱情是來自一個人對工作的投入與了解,進而對工作產生熱忱。以前在

徵人時，我會選先天熱情的，現在則會挑後天的。

為什麼會有這樣的改變？

因為我發現，來喜事國際找工作的人，很多人的起心動念是因為喜歡買CAMPER，所以希望能夠更接近它。當我再細問：「那你是學什麼的？」通常就會發現，這人所學其實和工作內容壓根不相關，我便會說：「那你買一雙鞋就好，不要來工作，工作很辛苦的。」

甚至，我也發現有很多人是太過熱情，但熱情的著眼點僅是覺得這工作很有趣，可以常常出國、可以挑選東西，這些人的熱情事實上都不會長久。他們因為懷著對時尚產業的美夢而來，但其實這是辛苦的銷售工作，會導致這些人往往又因為夢想破滅而離開。

然而，透過對工作的了解，是能進而對工作產生熱情的。再經由熱情，願意踏實地把事情、工作做好，甚至也對公司有相同的熱情，產生凝聚力，這些都是能夠相輔相成的，也是我非常看重的特質。其實，有許多擁有後天熱情的人，卻在現實中遭遇到很多挫折，那我要大聲說：「真可惜，你們碰錯人了，若是碰到我，我多喜歡培養這樣的人啊！」

另外，自我要求嚴格也是我看中的特質，自我要求高的人，才能做好這些後天的熱情。

態度，才是重要關鍵

前一陣子，公司有三個應徵者來面試，我們的面試流程通常要來個兩、三關，前面是由相關的部門主管負責，最後一關則是我。我的判斷準則除了當場面試外，還會匯總前面主管的意見，再由我來做出決定。

第一個候選人，和他談話真的會引發火花及化學效應，這個候選人很優秀，分別在國內外都經歷過相關行業。因為有這樣的背景，我非常擔心他不能適應國內的工作環境和條件。

第二個候選人並沒有像第一個候選人擁有漂亮的海外學歷，然而他卻有在國內市場的實際工作經驗，即便只有兩年，但成績卻相當好。在面試的過程中，他跟我分享，由於自己並非時尚相關產業背景的人，在前公司剛開始的時候，並不知道工作內容是做什麼，甚至曾經埋怨，為什麼其他不相干的細節工作也都要交由他來做？然而慢慢地，他發現工作很有趣，便轉換了一個角度，開始積極學習，後來便在工作上繳出不錯的成績單。

讀到這裡，大家不妨猜猜，應徵相同職位的兩位候選人，我選了哪一位？

答案是第二位。因為從這位候選人的經歷及分享，我看到他的態度、在地的工作經驗，還有和室友、朋友之間常藉由假日和節慶分工煮拿手菜的派對交流，所以我就選了他。

另外還有第三個候選人，也同樣雀屏中選，理由則是因為他的才能剛好符合現在時代的數位潮流，是我們急需要的人才。

相較於國外，我覺得台灣有點可惜的是，時尚產業的人不求務實，很多新生代的人才都有留學海外的背景，但是我必須坦承，帶著國外學歷來面試並不一定會加分，特別是因為我們做的是在地生意，必須對在地市場有所了解。這也是我選擇第二個候選人的其中一個理由，就是因為他在地、很理解當地的生活環境，和朋友間的互動，相信他一定可以和團隊良好互動。一個好的團隊，愉悅的工作氛圍是致勝的關鍵。

如果不務實，講國際視野是沒用的，如果腳踏實地地安排好生活與工作，這些就絕對是加分的。就像之前所說，能與國際品牌合作有一點相當重要，是我們和他們有

共同的理念，當品牌引進來之後，我們要知道如何經營當地市場，而這方面的知識（know-how）卻是他們所缺乏的，在地經營的能力絕對是代理好一個國際品牌的關鍵利基。

時尚管理不同於一般的企業管理，這個產業有很多事情和狀況沒有一定的程序和SOP，因為時尚既要有前瞻性，卻又不能無所依循，可說每件小事都必須當作重要的事處理，而每件大事更要兼顧時代走向、市場趨勢以及成本預算。所以，我常會跟公司內的主要幹部分享一句話，那就是「管理便是不放過自己，也不放過別人。」因此，還是回到我前面所說的，取得門票進來了，就一定要展現出自己的態度，若只光憑熱情，還是當個消費者就好！

14

將機會教育內化為企業好文化

「身教」一直是我檢視自己的重點，同時也傳遞這樣的訊息給公司同事：主管一定要身體力行，否則難以產生上行下效的成果。同時我也重視交流互動中的機會教育，並且要讓重要的經驗內化成為好習慣。

我很喜歡玫瑰花，覺得它不但兼具狂野與嬌嫩的氣質，厚實、有彈性又飽滿的花瓣，像極了高級的布料。當高橋盾的設計風格從潮牌轉向高端和精品時，我便曾以玫瑰花為主軸，設計了一個玫瑰晚宴，不但室內空間都以玫瑰花裝飾，就連盛裝餐點的餐盤也以玫瑰花點綴，甚至還用玫瑰花拼湊出高橋盾作品中常見的骷髏頭圖騰，現場處處都充滿著玫瑰花甜美的味道。

當我成立喜事國際時，同樣有天天在辦公室放朵玫瑰花的習慣。創業初期，因為時間上允許，本身就非常喜歡買花、逛花市和花店的我，每隔幾天就會去買一朵玫瑰花，放在公司走道的櫃子上，讓每個人都可以看見。隨著公司的人數越來越多，我們重新規劃了辦公室，花瓶便移到我的辦公桌上，並請祕書專門負責，她每天早上的第一件工作，就是將玫瑰花買好、修剪後放進瓶中。

雖然是一件單純的工作，卻能讓我從中看出一個人的心思是否縝密，也能感受到公司當日的氣氛。

重視身教，從小處著眼

我要求在這個簡單的花瓶裡，每天都要保持有一朵新鮮的玫瑰花。這朵玫瑰花必須符合一些固定的標準，例如要有一定的長度（五十公分）、有花苞卻不能看到花心、枝幹一定要長又直，還有一點很重要：一定要是紅色的。

最常發生的狀況就是花莖長短不合乎標準、花苞過大或過小、花莖不夠直等，或者是買了別的顏色。祕書也曾因為常去的花店當天玫瑰花不好看，而改買其他種類的花朵。

看似一件小事，我卻格外重視，古人說「見微知著」就是這個道理。如果跟我關係緊密的祕書都沒有「使命必達」的信念，那麼在第一線的銷售人員豈非更不可能照著公司的方向、達成公司的精神與目標嗎？

當組織架構擴大時，領導者的精神要如何傳遞給同事？在這樣的狀況下，善用生活中的互動交流、做好教育訓練就變得非常重要，特別是像喜事國際處在一個銷售人員高達70%以上、隨時都得應對各種突發狀況的時尚零售業。

多年前，有兩個專櫃銷售人員因為爭取業績而產生不

快，中間因為有很多耳語在流傳，造成同事之間不開心，也影響到業績。為了讓同事們實地感受到耳語誤傳的嚴重性和影響，在那次的教育訓練中，我和公司管理團隊特別設計了一個比手畫腳及口耳相傳的遊戲活動。一組七人，每一組由不同部門、不同店櫃的夥伴們抽籤組成，包括營業部、會計部、商品部和銷售人員。第一位在命題箱中抽出口耳相傳的題目，同一隊七人站在一道白色牆壁前，在時間的限制中，用自己對題目的理解，比手畫腳傳遞給同組隊友，而其他組的同事則是觀察者。在傳遞過程中我們可以看到，即便是面對同一事物，每個人的理解和表達都不同，其中的差異在於視野，在於是否認真專注，在於是否求證。

在大部分的產業中，這樣的狀況可能不是什麼嚴重的大問題，但由於時尚產業的獨特性——跟人和生活息息相關，又跟趨勢潮流密不可分——這問題可說是牽一髮而動全身，因此在管理上就不得不更重視細節，並要能從細節中找出管理經營的方法。

事實上，很多工作經驗的分享和對同事的要求，都是來自於從小至今的生活體驗。

好習慣要提早養成

有一次公司舉辦活動，為了增加豐富度，我們事前製作了很多筆作為活動紀念品，分送到各個專櫃和店面。沒想到，我意外發現這些要派送到各店面的筆，竟然散亂地放在箱子裡，我立刻詢問負責的主管，我的質疑是：「當這些筆寄達專櫃，店面人員要開始清點時，不是會非常麻煩？是不是得要一枝一枝地數？加上活動用筆的數量有限，若是分配到後來才突然發現筆的數量不對，難道還要再一箱一箱重新記數這些散亂放置的筆？」

身為一個領導前台的主管，做事方法如果這麼沒有組織，如何讓跟隨的前台同事心服口服？公司對前台同事的要求，是有紀律、有效地達成營業額。後勤管理部門傳遞到前台的任何文字、語言、行為都應該是個榜樣。

我曾在百貨公司負責櫥窗設計，有一年耶誕節我們打算在每個樓層和櫥窗都放置耶誕樹，增添節慶的歡樂氣氛。我和同事們很興奮地去買了幾百株大大小小的耶誕樹回來，大家都很開心，也相當俐落地拆箱、組裝，將每個樓層裝飾得熱鬧非凡，非常有耶誕節的氛圍。

等到開心的耶誕節檔期一過，我們歡喜地把那些耶誕樹收齊並放回原來的盒子，以備隔年能再使用。隔年再打

開耶誕樹盒子時，猛然發現：因為當初太過興奮，事先沒有想到該如何才能把這些耶誕樹正確地放回盒中，因此完全沒有留意裝箱的順序及動線，結果我們花了十倍以上的時間與力氣，才把所有的耶誕樹再組裝起來。

　　這個事件不大，卻讓我深刻學習及體驗到，即便是小事情，執行前多想一下、仔細一點，不但可以省下更多時間精力，而且是利人利己。千萬不要認為把東西丟出去之後就不關自己的事，說不定到頭來事情還是會落到你的身上。

　　後來，我們將所有的筆重新清點，並以十枝為一個單位，做成一綑，經過這樣的處理後，對自身來說，若後續有數量上的差異，很快就能找出問題點；對收到筆的專櫃和店面門市而言，清點數目、管理存放都非常有效率，可以爭取更多的時間服務消費者；從整個團隊的角度來看，就只需要花費一次的時間和人力來清點這些數量龐大的筆。更重要的是，這樣一個小小的動作，卻能讓門市人員提高對帶領主管的認同度，甚至能夠發揮影響的效果，當日後還有類似的事情時，他們也會比照辦理。經由這樣的正面影響和循環，一個團隊才可能越來越有向心力，越來越強壯。

　　當然，這些事情不是經歷過就算了，還要內化為習

慣，並把它標準化、規則化，變成管理制度才行。

　　我是從工作學習中體認到「習慣」的重要性。習慣猶如兩面刃，好習慣要留著，壞習慣就要趕快斷絕。就像小時候要學會刷牙、洗臉、如何照顧好自己，這些事自然會變成習慣，之後就不會輕易改變。諸如坐姿不好、講話的用字遣詞粗俗、東西隨意擺放等壞習慣，一旦養成後，在沒有任何東西帶來衝擊的情況下，就會一直在那裡，變成陋習。

領導者主導企業文化的靈魂

　　而要建立這些好習慣——也就是企業文化——我認為領導者扮演的角色很關鍵。

　　在2003年SARS爆發時，百貨商場雖然照常營業，但幾乎沒人上門，站在前台的銷售人員非常沒有信心，他們心中的忐忑不安讓我心疼，我開始思考如何傳遞勇氣與溫暖給前台的同事。當時市場氣氛十分低迷，於是我便寫了封電子郵件給公司同仁，內容穿插小紅帽的故事，告訴他們要有如小紅帽的勇氣去達到目的。當然，在鼓舞他們之外，也安排了保護每位第一線銷售人員的安全措施，像是會發放口罩和消毒清潔液等物品。因為第一線銷售人員是有風險的，同時也是最辛苦的，我們有責任要確保他們的

安全。

　這封郵件寄出後，便得到同事們回覆的信函，成功鼓勵了第一線的銷售人員，公司上下也因為這場危機而更加凝聚。那時有幾位同事，從CAMPER時期就一路跟著我到現在，算算已經有十五年的時間了。

　總而言之，機會教育很重要，但最重要的是，要讓這些重要的過程及經驗內化成好習慣，也就是企業文化，而領導者是其中的關鍵人物。

15
要發揮領導的感染力

在職場，對自己的成就無須太過謙虛，否則別人就會
看不到你。

從五人小公司，只代理CAMPER一個品牌，到公司
員工超越百人、代理七十多個國際精品與設計師品牌，當
組織漸漸擴大、產品線越來越豐富時，就會面臨管理上的
授權問題。

授權建立於組織架構上，要給予員工明確目標

在我看來，授權與領導其實是同等重要，既然已升為
主管，就不應該又搶著做部屬的事，主管不是做事之人，
而是理事之人，並透過激勵讓部屬樂意做事。主管凡事親
力親為固然好，但過度掌權不僅容易累壞自己，對組織與
員工成長都毫無助益。

回想創業之初，因為自己實在太喜歡CAMPER，加
上當時公司規模還小，所以我等於是從商品採購、品牌行
銷、營業銷售等不同層面，全都一手包辦，也幾乎是我說
了、做了才算數。儘管自己做得相當開心，但隨著營業據
點增加與組織擴張，我漸漸發現這樣做事的效益並不高。

於是我開始學著下放權力，並經過幾番修正，找出最
適合喜事國際的管理模式。在經過修正後，我也體會到，

授權要做得好的關鍵之一，是被授權的人要能有權力負起全責，也就是要讓部屬清楚知道自己的工作職責是什麼，而且在面對難關時要有想辦法解決問題的責任感。

同時我也發現，授權是建立在組織架構上。如果沒有組織架構，就不會有授權，但要是層級分得太多，反而也會影響授權。必須針對個別公司的需求與營運狀況設計層級制度，主管才會更具責任心。

另外，授權要做得好的另一項關鍵，就是要給員工與組織明確的目標。如同管理大師彼得・杜拉克（Peter F. Drucker）曾經談到，擁有明確的目標才能讓員工控管好自己的績效，並引發員工想要做到最好的動機，而不是只求及格就好。

因此，我們每年都會幫不同的部門、主管設定明確的工作目標，以及一整年的工作計畫表，而且這張計畫表是跨部門整合的。如此一來，所有人都能明確知道公司未來的走向與規劃，在不同時間點，每一個人該負責哪些工作，才會有章法與輕重緩急。

「懂得為他人著想」是一般主管最容易忽略的授權細節，然而要能站在別人的立場想、思考別人為什麼會這樣做，是非常重要的。想要成為一位好主

管，就應該把眼睛與耳朵都打開，用心去思考員工的長處，理解員工的難處，這樣才能做出最好的安排與決策。這也呼應到我之前所強調的，員工會進來公司必有原因，要挖掘出他美好的那一面，如此一來，授權給員工才能產生一加一大於二的效果。

以前還沒自己創業時，我的上司曾用一句英文形容我，說我非常善解人意（understanding）。雖然只是一個短短的形容詞，卻影響了我一生，我也從此去思考自己的位置。

面對錯誤的授權，主管要勇於承擔

除了上述各項以外，還有一點很重要：如果發生錯誤的授權，部門主管就要勇於承擔。這對於激勵同事做事與增加同事間向心力，都很有幫助。

公司每次辦活動的SOP，包括在活動結束後，部門主管就得監督坐鎮，立刻清點商品，再打包運回公司。但有一次活動結束後，運回公司的商品竟然短缺了一百多件衣服，仔細查問之下，才發現當天負責的主管沒有當場清點，再進一步追究細節時，沒想到這位主管還是一問三不知，完全不想解決問題。

於是我只好決定自負虧損，同時也以公司管理的規則
懲處。在我看來，這是一次相當嚴重的工作失誤，也因我
的授權錯誤，所以自己必須負起金錢損失，但這位主管也
為自己的行為負起責任。面對錯誤絕不閃躲，同事們才會
有遵循的依歸。

曾有人問我：「馮小姐，妳的管理風格是哪一種？」
我想應該是介於教練型和權威型之間。

首先，在這個行業裡，因為走得比較快，見識的東西
比較多、比較早，我會想要同事們也懂，所以常常會需要
去指導他們。其次，這個行業有些東西是要從生活點滴中
創造出來的，並不是透過管理規則就能做出來的。另一方
面，因為我本身站的位置，還有整個公司已發展到一定的
規模，我必須讓同事知道，他們不能任意去改變公司的規
則。每一個階段，我都會設置它的定位和方向。我堅信，
如果你想在一個行業內站住腳跟、受人尊敬，就必須要有
權威性，才能讓人信服。

要發揮領導的感染力

最後，無論授權到什麼地步，也無論組織成長到什麼
階段，我認為領導者在企業發展到一定規模後，還是得回
到第一線門市。這是領導者不能放下的責任，因為身處在

這個產業，就必須在這個產業遊走，這是你的人生啊！如果產業內的事情，自己都不碰，也不盡心了，你覺得別人會想要盡力嗎？領導者的感染力是很重要的。

這也是為什麼我非常注重員工的管理和培訓，並看重整個公司是否能夠承襲同一種價值觀的原因。真正成功的市場行銷不是經由市場調查的數字而來，而是通過有創意的活動，真正地感染同事及消費者，並獲得他們的認同。這樣他們才會真正樂於為我們口耳相傳。

時尚這個產業，就像香奈兒（Coco Chanel）堅定的個人思維和品味，不論世代如何更迭，大家依舊在追隨她，品味才能一直傳承！

我覺得一個堅強的人，能幫你把靈魂帶出來，靈魂被帶出來，才能成就事情，不管做任何品牌都要具備這種精神。領導者不堅強，產品的特色就做不出來，品牌自然也就創立不起來，這樣是不可能把事業發揚光大的。只有優秀的領導者才能占有最強勢的資源。在職場，對於自己的成就（accomplishment）無須太過謙虛，否則別人就會看不到你。

16 時尚產業背後的管理哲學

時尚產業一直是來自西方豐富的生活文化，背後蘊含很多歷史故事及經營管理知識，特別是歐洲時尚界，在人才、物流以及成本控管等方面都有很完整的產業鏈。台灣有成熟東方生活文化的底蘊，在亞洲，我們更有機會定義東方文化新生活的穿著態度，而這需要有成熟的管理團隊來經營。

許多人在看待時尚時，通常會覺得它只不過是一件名牌衣服，其實時尚背後藏有很多故事以及經營管理的知識，例如必須讓有財務背景的人來管理銷售。

時尚集團的設計師就像明星一樣，但光有明星是不夠的，明星背後仍要有專業的團隊來經營。就像要成為一位名設計師，必須有態度、有想法，還要有明星的架式，再交由其他專業人士來幫你打造品牌形象。

因此，在時尚產業這麼多年，我很想做的一件事就是讓喜事國際可以成為時尚管理公司，同時也讓台灣的時尚管理公司能夠做到歐洲的程度，特別是歐洲時尚界在物流以及成本控管方面都有很完整的產業鏈。我覺得台灣也應該效法，不過這背後必須要有成熟的團隊。

像是在採購方面，大家都以為到國外看時裝秀時只要打扮得美美的就好，但事實上我們的壓力很大。特別是在

收到邀請函時，內行的人可以透過邀請函的位置安排解讀出自己的市場地位及分量。而一張邀請函就代表著一個信用。

我們可以從秀場看到這一季的趨勢，關鍵在於我們是否能理解，並且抓住最重要的時尚元素（key look）。我可以從國際大買家看到新品的眼神，來判斷他們認為品牌這季的表現如何？當然，在安娜‧溫特〔Anna Wintour，美國版《時尚》（Vogue）雜誌總編輯〕的太陽眼鏡下，我們是摸不到蛛絲馬跡的。此外，還要膽大心細地判斷，我們採購了之後，台灣的市場可不可以接受這樣的商品，而這一切的結果還得要等時間發酵。有時候品牌是需要用時間培養的，然而銷售成績卻會在營業週會和季度、年度報告中反映，能贏得綠色的佳績或是拿到紅色的赤字，對專業是很大的考驗。

因此，如果秀場有上百件商品，而我們的預算只能購買部分的時候，就必須一方面考量台灣市場的消費模式，另一方面則要思考如何將國際流行趨勢帶回台灣。

勤與國際品牌互動，建立信任也建立信用

以CAMPER來說，每年都會召集世界各地的代理商回到西班牙馬約卡島的總公司開年度會議，討論最新產品

的概念及進行教育訓練，代理商也因此有機會交流。我們每年都會預測哪些會是熱銷的款式，依此來訂貨，原廠也會針對我們在品項上的選擇提出建議。原廠和代理商的互助是非常良性的互動。

事實上，就規劃和管理的方式而言，早期喜事國際跟CAMPER學習很多。CAMPER是把我們當分公司看待，每天都有信件往來，我們每個月也都會提供銷售報表資訊以及存貨、訂單的詳細結果給總公司。同時，每一季我們也會互相給對方建議和評估。

我相當堅持要與原廠有頻繁的互動，因為我希望CAMPER能夠清楚知道我們認真進行的每個項目，甚至是退回每一雙鞋的原因，我們會提供瑕疵報告、購買時間、使用期等詳細說明，並附上商品的細節照片。因為我的這些堅持，CAMPER十分信任喜事國際。

而當你能成為一個可以被信任的代理商時，在國際上的評價就會很好，還會被推薦給其他國際品牌。後來，其他國際服裝品牌在接洽我們之前，都會主動向CAMPER詢問、調查喜事國際的信用，由此可知，「信用」對代理商而言有多麼重要。

一般而言，我跟國際品牌都會採取長期的合作方式，

洽談時間也會拉長到一至兩年，以觀察對方的經營模式，絕對不會因為對方是國際名牌，我就貿貿然答應合作。

CAMPER給我的基本訓練、互動是很好的，在和CAMPER合作三年後，我才代理日本國際名牌45rpm，其他像是UNDERCOVER、巴黎世家、Maison Margiela等，這些牌子都是設計師身兼管理者。

另外，日本前衛藝術時裝設計大師川久保玲也是設計師兼管理者，她旗下有十二個獨立品牌，我們也是花了一年半才談定代理，期間發生了一段小插曲。

「台灣的代理商很容易不見！」川久保玲的先生Adrian Joffe在與我們洽談時，提出了這樣的疑惑。川久保玲是個非常重視細節的人，她在公司的座位可以瀏覽整個辦公室的情況，她用眼睛穿透所有的事物，對店面設計、用人都很仔細，任何一個點都逃不過她的眼睛。

為了扭轉她既有的負面印象，在溝通階段時，我便到世界各地觀察她的門市，好讓她知道我是對她有所了解的。勤做功課也是雙方合作前很重要的一環。

除了這些私人企業品牌之外，我們也跟國際時尚品牌集團合作，包括法國開雲集團旗下的巴黎世家、法

國LVMH集團旗下的紀梵希、義大利Diesel集團旗下的
Maison Margiela及GIBO集團。這幾個集團當初是主動希
望能由喜事國際代理，當時我同樣也做了品牌現狀與前瞻
性的評估。

　　以巴黎世家為例，一剛開始它在全球都只採取授權的
方式，也就是讓授權廠商自己設計和製造商品，這樣的
模式反而讓巴黎世家的品牌形象太平價，導致巴黎世家沒
有獲得很好的評價，甚至出現載浮載沉的情況。後來法國
巴黎春天百貨集團認為它很有未來，於是把它買下重整，
經營方式則一改傳統，讓管理歸管理、設計歸設計。如此
一來，我們碰到設計師的時間很少，接觸到的反而都是擁
有商業背景的管理團隊，這讓我們又學習到不同的管理模
式。

以有創意的教育訓練，讓人員更深入了解品牌精神

　　因為喜事國際旗下代理的品牌相當多樣，對象有私人
企業也有國際集團，再加上我們販售的商品都是精湛的創
作品，鎖定的是金字塔頂層的消費者，因此在提供產品之
外，也得提供相得益彰的優質服務。所以我們在銷售人員
身上投資很多資源，除了希望銷售人員都是有經驗且喜好
精品的之外，公司對他們的妝髮和生活習性都有規章。對
於結合品牌管理與零售業的喜事國際而言，內部人員的教

育訓練是非常重要的一門功課。

從只有代理CAMPER開始，為了讓第一線的門市小姐能夠真實了解品牌精神，每一次教育訓練我都會構思各種不同的活動，包括以模擬的方法讓大家如同坐在飛機上，一起前往CAMPER的故鄉西班牙，感受地中海的生活。

這樣的活動不是只有形式，從空服員的接待到解說都精心設計，甚至延聘專人製作西班牙的點心和食物，作為課程間的餐點。除了這些視覺和味覺的傳達，還針對CAMPER鞋款準備了詳盡的歷史和品牌資料，讓全員可以透過活動，更進一步接觸CAMPER的理念。在他們感同身受之後，自然能夠傳遞給消費者。

CAMPER的吊橋logo形狀，曾經也是活動的靈感來源。有一次我們將教育訓練課程安排在戶外，除了訓練團隊間的向心力與合作默契，也希望藉由這樣的活動，讓每個人對這個原本僅是平面的圖騰有更深刻的印象。

當高橋盾與鼎泰豐結合的複合式TAIPEIUC Noodle Bar餐廳開幕，為了讓服務人員懂得品味餐點中所搭配的赤蘭茶，我特別邀請赤蘭自然生態茶園的創辦人周顯榜先生開一堂品茶課，和一堂茶山田野調查課。希望大家在服

務客人時，除了表達餐廳的訴求和意念，也能讓消費者了解，即便是餐點中搭配的飲品，我們也是以同樣嚴謹的態度來呈現台灣的茶文化。

我的想法是，縱使是外人看來微不足道的細節，但如果在第一線服務消費者的同仁不夠了解自己的產品，怎麼可能說服消費者埋單？又怎麼可能讓消費者對品牌產生信任感？只有從內部和細節的訓練開始，不斷深化和感染團隊，才可能讓整個組織持續成長並茁壯，以此吸引到頂尖的消費族群，並取得他們對我們的信任，進而相信我們的眼光和選擇。因此，透過教育訓練傳遞對的訊息，是非常重要的課題。

目前，我們每一季都舉辦教育訓練，讓全體團隊成員深入了解品牌知識以及商品。採購時，我們會針對特定顧客挑選特定商品，對門市的陳列擺設也有嚴格的要求。我巡店時特別重視店面的整潔，以及整體擺設是否能給顧客新鮮感，不能一進去就有灰塵，也不能跟上次巡店時的擺設方式相同，否則就不及格。

所有品牌的教育訓練都不同，像是喜事國際自己的通路團團，店面有多個品牌服飾，商品項目比較多元，我們每月、每季都會構思傳達理念的方式以及風格。

　　大部分企業經營的重點都在整合，但時尚管理除了追求利潤，還要結合藝術與美，這三方要成功整合是非常不容易的，而這也是時尚管理的精妙之處。

17

把店開進心裡、走入生活

　　無畏不景氣的大環境，我選擇「做對的事」，並努力「把事情做對」。因為團團精品販售的不只是商品，而是生活哲理。

　　如果說喜事國際是因應CAMPER而成立，團團的誕生便可說是因為川久保玲。同時，團團也是我向自創品牌跨出的重要一步。

　　這個猶如博物館一般有文化底蘊，也和畫廊一般繽紛華美的精品店，將我所鍾愛的各大設計品牌原創理念展示得淋漓盡致。對我而言，團團不只是一家店面，更是我想要傳達的生活態度，因此，團團的使命就是要「開進你的心裡，走入你的生活裡」。

　　之所以會有這樣的起心動念，得再回溯到與川久保玲的合作。

台灣缺乏時尚資訊，產生一窩蜂現象

　　2007年，川久保玲與我總算在彼此想法契合又時機成熟的狀況下正式談定代理權。在此之前，我們早已針對品牌方向和代理的想法，討論了一年多。

　　前面提過，川久保玲以售票亭為概念的Play Box系

列,以及親自打造的丹佛市集,對我的影響很大。無論是
Play Box系列所帶來的溫暖感動,或是丹佛市集的創新活
力,她都不斷以跨界創作的概念,帶給世人無限的想像及
衝擊,同時也呈現出她獨特的時尚美學。

　　而川久保玲之所以會在2006年於東京銀座開設丹佛
市集,其實也是秉持集合各領域藝術家共同創造的概念。
丹佛市集裡頭除了她自己的品牌Comme des Garçons外,
還蒐羅了許多她欣賞的設計師品牌。

　　親自走訪這些地方後,種種的刺激和互動都在我心中
泛起漣漪,讓我不禁回頭想,台灣是不是也該有這類複
合式精品店?好讓消費者可以近距離接觸到各國的時尚精
品,了解最新的流行訊息,甚至知道一些新銳的設計師和
品牌,而不是只局限於窄小的視野。

　　若說科技的進程是一日千里,時尚其實也是。時尚能
讓我們感受到時代的脈絡,更反映出當代人的生活態度及
自我主張。因此下回到歐洲時,大家不妨仔細觀察走在街
上的行人,看看是不是少見背著同款包包、穿相同服飾的
情形?相反地,「穿著一致化」在台灣卻是常態!不管走
到哪裡,都可看到有人拿著LV包,穿一樣的Polo衫。

　　我認為這樣一窩蜂現象的主要癥結點並不在品牌,而

是消費者能接觸到的時尚訊息實在太少，才會誤以為只有穿戴那些品牌才是名牌、才稱得上時尚。事實上，就算在巴黎街頭待一整天，也很少看到法國人身上背著 LV 包。一窩蜂現象其實反映的是台灣人對於時尚品牌的迷思！

投身時尚領域耕耘多年，從一個品牌到數十個品牌的代理與推廣，以及跟各國設計師合作與來往秀場的經驗，在積蓄了充沛的能量與知識後，更讓我希望能藉由一個平台，完整呈現出每年喜事國際到巴黎、倫敦、米蘭等時尚重地所獲得的最新資訊和作品。對我來說，藉由分享讓大家更了解時尚，是一種能讓時尚與零售產業更活絡、更有趣的方法。

堅持中文內涵的命名

有了這樣的想法之後，為平台取名字又是一個學問。這個精品店面的品牌名稱要能含括國際各大品牌的獨特作品，同時又要能展現出中華文化的特色，為此我苦思良久。那時每天腦子都轉得飛快，充斥著各種想法，連作夢也片刻不得閒，襲來各種奇思異想。

儘管一時之間無法取得共識，但是我已打定主意，這個品牌的名稱一定要是中國字而不是外國名稱，即便有英文名稱，也一定是由中文字的拼音轉譯而來。

　　有這樣的堅持是因為，一直以來，我對於在跟外國人介紹自己時，要另外取個洋名感到不以為然，但從小到大我們都是這麼做。一上英文課，老師總是立即要你為自己想出一個英文名字，以便稱呼，但我卻認為這樣的方式是不必要的。

　　從小至今，我的英文名字始終是亞敏的英文拼音YAMING。說我擇善固執也好，我就是非常鍾情於帶有東方意味的名字。這樣的偏好，也同樣展露於喜事國際的命名。

　　所以在以中國字為大前提之下，我不斷翻閱康熙字典，想要從一個個中國字形中找到靈感。突然靈光一閃，想到一家家的店面就如同一個個的框框，如何在一個又一個的框框中發芽茁壯並創新突破，是未來的目標和努力的方向，於是我便集中精力找尋有框框的字。

　　在縮小搜尋的範圍後，我意外發現在框框裡加字，字義就會隨之改變，氛圍也大不相同，不僅十分有哲理，也十分有趣。好比說，一個框框裡放了一個「木」，就變成「困」字；一個框框裡放了一個「人」，則會變成「囚」字；而當一個框框裡放著一個「專業人才」時，會成為極有中國喜氣感受的「團」字，帶著「團圓、團聚」的好意涵。如獲至寶的我，便拍案決定將第一家複合式精品店面

命名為「團團」，英文名稱則直接使用團團的發音TUAN
TUAN。

以複合式品牌連結世界

團團的命名有上述這樣一段故事，而它誕生的時間是
2007年，若大家還有印象的話，當時是全球金融風暴的
開端、山雨欲來之際。

各界朋友在知悉我將要設立團團時，紛紛給我回饋，
當中有不少是帶著質疑的，像是「景氣越來越不好，妳確
定要這樣做嗎？」「妳覺得現在的消費市場真的適合開發
複合式精品店面嗎？」

一如當初代理CAMPER時的堅定，各方勸說終究沒
能說服我，我依舊相信自己對市場脈動的判斷：「複合
式品牌絕對是全球風潮。」更重要的是，台灣需要這樣
的媒介平台，消費大眾才更能跟國際時尚潮流接軌。因
此，無畏不景氣的大環境，我選擇「做對的事」（do right
things），並努力「把事情做對」（do things right）。

團團的第一間店位於才剛開幕半年的誠品信義店一
樓，會選擇這個地點，是因為誠品知道我將以全新概念詮
釋零售通路，結合精品與潮牌，讓各國新銳設計師品有一

個全新的平台。誠品相當好奇並且認同，便力邀我將第一
間店開設在此。

開幕當天，首先映入眼簾的是一個個環保回收的骨董
門框，經過重新拆解和塗色，與前衛的設計師服飾擺在一
起，看起來就如同一幅幅亮眼吸睛的藝術品。當天蒞臨的
嘉賓莫不訝異，甚至發出驚嘆，原來美感的呈現可以這麼
自然，整個店內空間仿若是一座時尚博物館。看到來賓的
反應，我感到十分欣慰，團團能夠依據原先的構想，精準
地傳達出它的品牌意念。

在團團精品成功進駐誠品信義店後，感染力也慢慢擴
散，開始吸引更多國際性大品牌相繼加入。對台灣的時尚
產業而言，這樣的改變絕對是正向的，代表這些國際品牌
開始注意台灣市場。我總是希望能為台灣的時尚產業盡一
份心力，當時終於有了正面的回饋。

突破框架，從各類精品中讀出時尚底蘊

在市場區隔的考量及需求下，我們之後又陸續打造了
適合不同區域消費族群的團團精品專門店。像是開設在微
風廣場的專門店，便因應當地的商圈屬性及金字塔頂端客
層，以奢華女人風作為店內氛圍與品項的主調，舉凡紅色
沙發、大型水晶燈、巴洛克風格的骨董桌等，妝點復刻出

文藝復興時代的歐洲皇室風格，也讓時尚精品有不同的展現。

2014年在BELLAVITA裡，團團又換了一個樣貌，改以生活型態（life style）的概念出現，全新打造出一個貼近生活、一百多坪的展示空間。

迥異於以往強調前衛黑色的風格，這兩年崇尚自然回歸，強調感情凝聚的氛圍。於是為了讓消費者在走進團團時，能感受到賓至如歸的美好與溫暖，除了在色系上以純淨白色為基調外，我們精心從世界各國蒐羅許多別出心裁的家用與家飾品，甚至涵蓋到配飾與彩妝品，希望多元的產品能讓消費者更廣泛地理解到，即便是小小的日常用品也能讓人覺得很美好，並從中讀出時尚設計的文化底蘊。

如此一來，才能真正回應我在籌劃團團時的初衷：把我多年來在時尚產業累積的經驗和品味，替所有消費者打造連結世界的平台，並結合一群專業的品牌管理人才，讓團團成為能夠突破框架、結合時尚趨勢以及生活美學的傳遞場所。更重要的，還是要能把店開進每一個人的心裡，因為團團販售的不只是商品，而是生活哲理。

Part 3

有一種態度
叫時尚

18

用時尚態度感染消費者

　　時尚絕對是入世的，做好複合式品牌精品店，一定要
有自己的生活態度和文化。

　　在新加坡上 EMBA 課程時，曾有學姐請教司徒達賢老
師說：「請問老師，您是如何看待亞敏？您覺得她的核心
競爭力是什麼？」沒想到，司徒老師給了一個出人意表的
回答：「亞敏的核心競爭力，就是馮亞敏。」他進一步解
釋說：「喜事國際是以馮亞敏個人的才華為核心，成為整
個公司競爭優勢的基礎。」老師的指點，讓我思考美和品
味的生活美學，如何將感性的經驗，用文字及圖像轉化成
為企業文化和知識管理。

品味特色造就複合式精品店的優勢

　　在感念司徒老師給予如此評價之餘，老師精闢的見解
其實也透露出時尚管理的一個特色，無論是做單一品牌
代理的喜事國際，或者是集結綜合品牌的團團，「品味特
色」都顯得格外關鍵。

　　特別是對於綜合品牌的經營管理來說，困難度高的原
因便是得要一直創造新意、引進最新的東西。但這樣還
不夠，透過這些品項，還要持續讓蘊藏其中的生活態度發
聲，好讓消費者想要接近你、跟隨你。

　　此外，複合式精品店的經營還有另一個挑戰，就在於
要如何讓所有第一線的銷售人員知道怎麼賣這些琳琅滿目
的商品。換句話說，企業文化的傳承和店員的教育訓練非
常重要，企業文化和商品知識要傳承得非常明確，讓前台
的銷售人員知道怎麼傳遞產品知識。

　　所以，儘管品項要多元，才能跟得上時代的潮流及脈
動，但一家店的基本風格卻不能一直變動，也不能朝令
夕改，因為不斷變動會讓員工無所適從。為了讓人員都熟
悉這些精神，我相當注重商品選擇、陳列及教育訓練等細
節。

　　在商品的選擇上，通常我會挑20%的秀服款（show
piece），這些是特別有原創性的設計，可以不斷升級、砥
礪自己對時尚的敏感度。另外的80%則會挑選實穿、實
用、能輕易融入大眾生活的物件。

　　我認為，時尚絕對是入世的，所以我們是用生活的態
度在經營團團。同時，我們也用藝術欣賞的角度來看團
團，把藝術家的商品放到店裡，樹立鮮明的個性化風格，
加上鍾愛原創設計師，種種元素集合在一起，便是團團的
風格與核心競爭力所在。

　　有一回，女兒也曾好奇詢問：「團團和其他複合式精

品店有什麼不一樣？區別在哪？特色在哪？」聽完她的
問題，我帶點幽默地回答：「因為有我啊！風格就會不同
啊！」

奢華不等同奢侈

其實，在台灣經營買手店是相當辛苦也十分競爭的。
因為在台灣有很多層級的服裝，例如五分埔就有不少跑單
幫的，加上台灣和日本、韓國有地利之便，使得買手店林
立。然而，要成功經營買手店，主事者的個人風格一定要
很強烈。其次是執行能力很重要，從採購到店面陳列都
是有系統的，而這個系統也與買手店的領導者風格息息相
關。但即使做到這種程度，距離複合式精品店還是有一段
距離。

能夠成功晉升為複合式精品店的另外一個重點，在於
跟供應鏈的關係夠不夠緊密。以單一品牌來說，喜事國際
由於代理了具原創性及哲理、在國際上有口碑及位置的重
要設計師品牌，成績有目共睹，所以國際品牌基本上會肯
定我們的信用，在此利基之上，我們就能夠接觸到更多好
的品牌。想要再進一步發展為複合式精品店，除了自己原
有的品牌需要好好鞏固之外，還要一直發掘新的品牌，然
而無論新品牌有多大的名聲，品質（quality）永遠是我最
在意的事情，在我看來，品質是精品很重要的元素，也是

精品之所以能稱得上是精品的緣故。

消費者對精品往往有一些迷思，像是有些人一看到標價，直覺認為太貴，便認定我們在當中一定墊高了不少價差，覺得不如自己親自到國外的原產地購買，會比較划算。但很有可能發生的情況是，即便消費者親身到了國外，也不見得能找得到想要的品項，這就是複合式精品店的獨到之處。在我經營的代理公司，完全是以市場公式訂價，這樣在品牌方及公司管理上才有共同分析的資訊，並給消費者信任感。

舉我們代理的品牌來說，我們購買的物件不見得會出現在店面裡。以某歐洲頂級女性禮服品牌為例，該品牌的服裝定位是巴黎貴族在穿的衣服，儘管設計精良，但有很多款式並不適合台灣的消費者，即使買了也缺乏可以穿出去的場合。因此，面對琳琅滿目的品項，考驗的是我們的專業、品味，以及對台灣市場的認識。當然，採購還是得控制在預算裡，並非品牌原廠丟給我們什麼，我們就照單全收。

喜事國際鎖定的是有個性、對生活態度有自己的想法、追求美好生活的消費群，年齡介於二十至五十歲之間。這是大原則，也是我對市場的觀察，但因我們代理的品牌很多，每個品牌的消費者在更細微的定位上會有所

不同。

　　為了精確抓住消費者的喜好，我們會建議每個消費者都填寫資料卡，讓我們理解他們在每一季會買哪些商品？生活有哪些變化與需求？甚至連髮型也在討論的範圍內，因為髮型跟穿著有很大的關係。同時我們也會分析銷售業績以探究每年的消費走向，從中可以得到很多資訊。

　　因此，要做好複合式精品店，經營者一定要有自己的生活態度和生活文化——其實就是企業文化——並且要將之傳遞給消費者，讓他們能夠理解。除了透過商品來傳遞，我們也會舉辦很多活動，目的就是要讓消費者看到團團在思考什麼。畢竟我們不僅是在賣一件漂亮的衣服，而是生活上的感染力，其中更蘊含了國際時尚的知識。

　　團團經營的是本地市場，所以我們特別注重本地消費者的生活型態。又因為團團出售的是進口商品，因此在品項選擇和店面裝修方面，我們比較能帶給本地消費者更精緻的生活美學和品味，希望團團所表達的時尚態度能夠感染消費者，而不是在教育消費者。

打造國際時尚知識交流平台

　　從喜事國際的辦公室走向門市——不論是CAMPER

專賣店或任何一家團團精品——都會呈現出走向國際、與
國際接軌的氛圍，從第一線銷售人員的穿著、態度，到店
頭的商品與擺設，都展示出國際生活的模式與態度。來到
這裡便可打開眼界，無須出國就可以無縫接觸到當今各大
城市人們的生活方式，了解這些地方在流行什麼，進而去
學習他們的美學搭配與哲學。甚至還能透過我們的員工，
了解客戶服務是如何進行互動。從軟體到硬體，這些門店
可以是真正的知識攝取平台。

　　團團最近在BELLAVITA引進家具，當中特別精心挑
選了一張全由大理石雕像製成的沙發。這樣的沙發非常罕
見，同時又具有藝術理念，畢竟，用大理石製作沙發是很
難想像的一件事，更遑論要去哪裡獲得這樣的資訊，或實
地目睹如此特殊的藝術品。然而只要走進團團，就能親眼
鑑賞。

　　我們的工作是把新的視野、新的觀念、新的理念層次
帶進台灣來。一些對大眾而言根本是碰不到、摸不到的東
西，我們就把它們帶進來，再透過精心規劃的空間陳設及
安排，讓消費者在購物的過程裡，可以自然感受到這些藝
術品。

　　換句話說，在選購精品時，買的絕不只是表面，而
是要更深層地去感受其中的知識及文化。就像在品嚐

GODIVA巧克力時，吃進去的並不是只有巧克力的甜味和苦味，而是透過它，身歷其境體會比利時人是如何重視巧克力的製程與品質，又好像喝星巴克（Starbucks）咖啡則代表著某種雅痞風格和時尚態度。這就是為什麼大家會憧憬西方生活及文化的原因，它所反映的核心就是生活風格。

　　精品可以描述出時代的社會現象，也記錄和見證著歷史變遷與故事。長期以來，世界潮流皆由美國壟斷的大眾文化所帶動，現在，希望透過喜事國際及團團精品的努力，帶來更多元的產品和服務，幫助消費大眾能接觸到其他有魅力的文化，進而以不同的方式去演繹生活。

19 沒有備案，秀一定要上！

　　如果不是因為自己如此熱愛這個產業，恐怕難有這麼大的動力投入其中，能夠堅持到底的背後，真的只有熱情的信仰。

　　英國文學家狄更斯（Charles Dickens）在《雙城記》（*A Tale of Two Cities*）裡有一段名聞遐邇的開場：「這是最好的時代，也是最壞的時代……這是光明的季節，也是黑暗的季節；這是希望的春天，也是絕望的冬天；我們什麼都有，也什麼都沒有……」我相當喜歡這個段落，2008年到2010年對我而言，就是同時充滿挑戰及光明的時期。

從世界反思，找出台灣的時尚大道

　　之前提及團團精品成立於2007年，當時早已嗅到整體大環境的不安氛圍。2008年全球陷入金融危機的同時，台灣也逐步開放大陸觀光客來台旅遊。

　　看到這些訊息的我，不禁開始思考：「除了日月潭、阿里山之外，台灣還有什麼專屬的個性地標呢？難道大陸觀光客到台灣，就只能逛逛景點、買買東西嗎？」

　　我想到，法國巴黎有香榭麗舍大道、日本東京有表參道、紐約有第五大道，即便是新加坡也有烏節路，而台北

市似乎一直缺乏可與這些城市媲美的時尚大道。

在國外,時尚已經被視為文化產業的一環,同時還具有國際外交的影響力。以法國為例,法國政府每年在巴黎時尚週都會設計別具巧思的時尚目錄(Moda),除了完整而豐富的行程介紹外,還有時尚派對、美食天堂等別具風味的特色活動,帶領時尚名媛盡情沉浸在巴黎的當代藝術裡。一旦行程規劃不當或目錄製作不佳,都會讓整個流行文化大打折扣。

再者,健全的產業生態也是一大特色。政府的支持可以說是巴黎能成為世界時尚工廠的重要因素。法國政府除了積極提供完善的時尚產業發展環境外,還與鄰近國家架構綿密的時尚供應鏈體系。像喜事國際這樣的國際品牌代理商,經常是在巴黎下單訂貨後,整個生產製作流程就直接拉到義大利工廠,付款機制則在瑞士完成。

反觀台灣,時尚似乎僅止於浮華,一直以來只能跟奢華、拜金、虛榮等負面意涵的形容詞劃上等號。然而看看這些世界級的歐美品牌大秀,當他們贏得數以萬計的鎂光燈並搏得國際媒體版面時,我就會沉吟思考:「台灣難道沒有這個能力?沒有適合的地景?」

在我心中,時尚之都就應該像巴黎,從凱旋門(Arc

de triomphe de l'Étoile）到羅浮宮（Musée du Louvre），
整條路上都有風景和夢想的完美結合，有藝術，也有商
業。不管是對觀光客或當地人來說，這裡都是充滿層次感
的夢想之地。那個有著骷髏頭的地下室，充滿衝突感，讓
人就像到過地獄之後，再次發現世界有多美好。塞納河
（Seine）上有一條橫跨左岸與右岸、當代簡約設計風格的
橋，很多情侶在此互許誓言，將人生甜蜜的想像鎖成一個
風景。這就是我想要的地方，我也一直希望能夠藉由環境
氛圍的營造，在自己從小成長的土地上感受到同樣既放鬆
又享受的感動。

其實，台北市的敦化南路上林立著不少品牌大店。
「這些品牌大店為什麼就不能造就一條時尚大道呢？」當
我提出這個想法，當時所有媒體都覺得我是異想天開。因
為，如果沒有政府相關單位的整體性城市規劃，這計畫根
本不可能落實。

但我並未因此灰心，反而覺得想到就一定要做到。當
我跟同事提議要做出「台灣的香榭麗舍大道」的想法時，
他們在驚訝地回應「真的嗎？」「可以這樣玩嗎？」之
餘，也開始思考哪條路可以成為台灣的時尚大道。

真正的時尚要能融合地景和環境

對我來說，真正的時尚要能夠融合地景和環境，因此勢必要跟當地的道路結合。大家熱烈、興奮地討論著中山北路、信義路、忠孝東路，一直到敦化南路，雖然喜事國際的每個人皆身經百戰，多年來已不知舉辦過多少活動，可是一旦想到台灣未來也可能會有一條香榭麗舍大道，便不自覺個個摩拳擦掌、熱血澎湃！

後來決定是安全島上種植大批台灣欒樹的敦化南路，獲選的原因在於，每年的春夏時分，繁茂的樹木會讓敦化南路自然變身為光影扶疏的林蔭大道。到了夏末秋初時，台灣欒樹會褪去鮮綠，任由淡黃色的花朵占據枝頭，耀眼的黃色在略微涼爽的氣候中，讓人覺得格外心曠神怡。

我還不時會在下班途中，故意開車經過這條路，看著車窗外，無論是發出銀鈴般嬉笑聲的學童、略顯疲憊的上班族，或是執手的情侶，都讓我有寧靜、開心又溫暖的感受。在我眼中，敦化南路無疑是台灣時尚大道的最佳代表，它不但會引發想優游其中的欲望，還能讓人們在此細細領略四季之美與大地生機。

終於在一年後，2009年秋天，我將「台灣香榭麗舍大道」的想法付諸實行，在敦化南路六十二號到八十九

號、長達一百八十公尺的中島人行道上，辦了一場戶外林蔭秋冬時尚秀，實現我心心念念要把國際時尚融入在地氛圍的想法。

為了呈現最與眾不同的開場，我們設計了一個橋段：一輛車子以迅雷不及掩耳的速度疾駛而來，待車停定，四位美麗高駣的女模特兒魚貫而下，如同《慾望城市》（*Sex and the City*）的海報，美麗又知性地揭開台灣有史以來第一場訴求時尚大道的戶外時裝秀。

當晚活動除了展示川久保玲、Maison Margiela、Junya Watanabe 等國際知名品牌的秋冬最新服裝外，我還延請了鼎泰豐的外燴在現場服務，豐富與會者的味蕾。地面上的燭光耀映著皎潔月色，悠揚的樂音、醉人的香檳，以及吹落一地金黃的欒樹葉，交織出美麗的時空。當參與的嘉賓紛紛讚嘆著說「原來台灣也有這麼時尚的一條路！」時，這個活動便成功了。

敦化南路成功變身時尚大道後，引起高度迴響，刺激國際精品開始爭取在台灣舉辦大型活動。在此之前，他們已有一段時間不願投注心力和資金在台灣辦活動。當然，這次的成功只是一個開端，距離我的夢想還相當遠。

沒有備案，只有「一定要做」

充滿想像力又調皮的我，進入時尚產業後還是不改個
性，總覺得要以「好玩」的方式來看待這個產業，因為時
尚是可以融入生活、轉化生活態度的概念。因此在集眾人
之力「玩」了一場戶外秀之後，我又把目光放在一向帶有
政治色彩的凱達格蘭大道。

自從解嚴後，凱道就成為示威遊行、抗議、丟雞蛋之
地。每回看到新聞，我總不禁歪著頭想：「這樣一條跟國
家權力有所關聯的路，難道就不能是一個讓人有美好印象
的地方嗎？」

我不由得想起，北京天安門廣場在 2002 年舉辦「改
革開放」以來第一次的國際時裝秀，來自法國、義大利、
英國、日本、西班牙等國家的精品都爭相參與。這個重大
突破獲得國際媒體的諸多報導和注目自然不在話下，同時
也讓更多精品品牌對前往大陸發展有更大的興趣。這場活
動可說是為中國大陸做了一場非常好的國際文化外交。

「如果中國可以有如此轉變，向來以自由民主為傲的
台灣，難道就做不到嗎？」秉持「心動不如行動」信念的
我，立即著手進行將凱達格蘭大道變身為時裝伸展台的企
劃與執行。

　　由於凱道的特殊性，讓我們在跟政府機關商借路權時，一如預期地充滿了波折。所幸，我們以堅持和專業的時尚產業前瞻性分析打動了政府，獲准封道。

　　然而更讓人膽戰心驚的是，在活動開始前幾天，前所未見地接連來了三個颱風，帶來連日傾盆大雨。還記得，距離活動倒數二十四小時之際，工作人員一邊在雨中忙著處理細節，一邊又接連問我：「馮小姐，明天如果下雨，活動還要進行嗎？」

　　「照常進行！」我堅持這場活動非辦不可，也希望自己「相信將有萬里晴空」的樂觀態度能鼓勵、感染大家。但抬頭看著不斷落下的雨滴，我在心中也只能暗自祈禱，希望雨勢能在活動進行時稍稍減緩，千萬不要讓大家的辛勞全都白費。

　　從開始的暖身、走秀到尾聲的義賣活動，這場時尚秀差不多只有四十分鐘，加上搭設舞台、活動棚以及走位、彩排等，看似只花了二十四小時，但從開始企劃到籌備卻整整用了一年的時間，光是跟官方單位來回跑公文就花了半年多。當所有的細節事項全部底定時，距離活動就只剩一個多月了。我們更是頂著巨大的壓力，在七天內發揮人脈動員力，從巴黎借來了九十九套服裝。

　　過程中，格外感謝所有公司同仁和合作夥伴們的支持，否則這活動能否成功舉辦都還是個問號。尤其對時尚存疑的政府單位來說，或許時尚產業就只是一個消費的行業，更別說會重視它能帶來的外交效益及產值。

　　很幸運地，在一切就定位後，大雨突然停止了！封街二十四小時、從公園路延伸到景福門的走秀活動得以展開，數十位模特兒腳踩著十五公分的高跟鞋，在長達一百六十公尺的伸展台上，展現從各國特別空運來台的秀服，我心中的時尚大秀終於成真了！就連總統府也破天荒地將整棟建築的燈光配合我們的時間全部亮起，輝映著當晚的盛事。

封街走秀，寫下凱道美麗新頁

　　那一刻的悸動，迄今回想起來仍然非常真實。在建國近百年的歷史中，這是第一次，這塊總是充滿對立、遊行、不滿的地方，可以滿載著音樂、時尚和快樂的氛圍。也許是老天也被感染了，更神奇的是，當活動結束，豆大的雨滴竟又開始從天而降，像為這場活動劃下句點。而這場活動也創下了所有電視台連線直播時尚展演，與登上報紙頭版的紀錄。

　　事實上，早在活動開始前一陣子，我的腳就受了傷，

不良於行也不能久站。有時想想，如果不是因為自己熱愛
這個產業，恐怕也難有這麼大的動力能投入其中，尤其對
一個從小就被大家認為坐不住又沒耐心的人來說，能夠堅
持到底的原因，真的只有熱情和信仰。

　　活動落幕後，所有參與的同事、夥伴們都覺得很驕
傲，紛紛跟我分享，感動地說這是他們人生的顛峰，「這
真是一個史無前例的活動，實在是太棒了！」甚至還有人
因為沒有機會拍到活動團體照而失望，雖然如此，但活動
的畫面已經深印在我們的心中。對我們而言，這是一場意
義非凡的活動！

　　現在回想起來，中間的過程和辛苦實在不足為外人
道，但是能夠完成封街走秀的獨創做法，成功寫下凱道一
頁美麗歷史，這一切便都值得了，這場秀，已展現出它最
大的能量！

20

敞開態度，不為自己設限

會推你一把的人，其實都是願意給你力量的人。只要想到背後有支持的力量，你自然就會把事情做好。

回顧我的職涯，踏入時尚產業算是不經意間的美麗緣分，就連能夠順利拿到七十幾個國際品牌代理權，也是處處充滿隨緣的驚喜。然而再仔細一想，我似乎都是被「推」出去的那個人。在每一個重大的轉折點，總是會有一股神奇的力量推我一把，讓我去面對挑戰與機會。

就像去芝麻百貨應徵櫥窗設計人員，是前公司主管把我推向這個機會的。他告訴我：「亞敏，妳很適合去芝麻百貨做櫥窗設計，現在他們要招人，妳要不要試試？」於是我就去了。

以負責態度面對臨門一「推」

事實上，從小我就不是個喜歡站在顯眼處的人，雖然活潑又調皮的個性——我還曾因上課愛說話被老師命令換座位——讓我不管在家裡或學校都是開心果，在團體中也很容易跟大家打成一片，但我並不喜歡擔任像班長這樣的領頭角色，反而喜歡當出點子、負責策劃的活動股長。

記得小學時，早晨升旗典禮需要指揮，老師指派我當指揮，我一聽立即推託不要，由於無法回拒老師的要求，

我便成為指揮的候補者。沒想到，擔任指揮的同學在比賽當天竟然因病請假，我只好硬著頭皮被推上場，最後我也體驗到指揮的重大責任感，並且樂在其中。

學生時期我的個性如此，進入社會之後也沒有改變。因此，當我脫離七年的全職家庭主婦角色創立喜事國際、創立團團，代理越來越多國際品牌，一直到現在，雖然始終抱持著隨緣的態度，一旦機會來敲門，即使我是被「推」出去的，我也會立即拿出應有的態度全力一搏！為的並不是爭輸贏，而是要負起責任。

雖然表面上看來，我做事很被動，但換個角度想，這是因為我不輕易下承諾。在我看來，每一件事的背後都有責任，所以我才沒有很積極地去承攬事情。反之，我答應的事情就一定要做好，因為這是我的責任。

對我這個特質最了解的人，絕對是我先生，他也是我職涯中相當重要的推手。每每有機會來到面前，還在猶豫不決的我，總是在他臨門一「推」下，負責任地去面對並接受挑戰。所謂「旁觀者清」也許就是這樣，雖然我自己覺得很猶豫，但他能清楚看到從我心裡投射出來的想法，讓他覺得我應該要去爭取，於是他就出來推我一把。與CAMPER和設計師Martin Margiela的合作就是一例。

　　成功代理 CAMPER 之後，Martin Margiela 便邀請我到巴黎總部洽談合作。身為 Maison Margiela 這個品牌的頭號粉絲，收到這樣的邀約本該十分開心，我卻有點猶豫，覺得忐忑不安。

　　還記得那一年很冷，一直下雨，氣候變化導致許多人生病，我自己也一直感覺身體不適，便想以病推辭這個合作。到醫院求診，沒想到醫生竟拍著桌子大聲對我說：「鐵證如山，妳根本沒生病！妳只不過是太忙了，加上思考太多，才會覺得身體不適。」這一下就再也沒法拿病當藉口，萬不得已只好準備啟程去巴黎。

　　出發之前，我做了一個夢。我的家位在半山腰，夢中自己正開車上坡，冷不防地竟出現一條蛇從車頂飛過，我還沒來得及回過神，另一條蛇又飛過，穩穩地落在房頂的積水上，驚魂未定之中，又發現樹上還掛著半條灰色的蛇。被嚇醒後，我連忙把夢中的情景告訴先生，原是希望他將我勸退，沒想到他又推了我一把，說：「妳不覺得這是件好事嗎？這一定是個預兆！」然後就送我去機場。

　　後來，就如同在前面章節的敘述，洽談十分順利。然而就在接近尾聲時，發生一件讓我相當震驚的事情。

　　在展示間挑選 Masion Margiela 新一季的服裝時，我

打開一個盒子，眼前赫然出現一條蛇，和夢中的如出一轍，那竟然是Martin Margiela所設計的蟒蛇圍巾，這一切彷彿冥冥中早已注定。看到這條圍巾，我心中的驚訝自是難以言喻，當下就打了通電話給先生，告訴他這奇妙的巧合，夢裡的蛇果真是合作的預兆！那一年結束之後，我也才恍然大悟，夢裡出現兩條半的蛇，也預示了我將談成兩個半品牌。

要時時保持正面思考

我很珍惜每一次被「推」的機會，因為會推你一把的人，其實都是願意給你力量的人。從他們那裡獲取力量是很重要的，因為，只要想到背後有支持你的人和力量，你自然就會把事情做好。

21

把夢想「做到」、「做好」、「做美」

有夢想一定要勇敢去追，因為工作會讓你找到自我，也找到價值。

2006年我開始代理Masion Margiela，它是我代理的第一個法國品牌。還記得那一年前往巴黎下訂單時，我不僅遇見Martin Margiela本人，也碰到巴黎三十年來難得一見的大雪。那時，我倚在窗邊，只見外頭的雪紛紛飄落，抬頭望向鄰近的教堂，上頭也似乎堆疊了一片雪白，白茫茫的景象有股說不出的美麗。

巴黎還有一個很特別的地方，很多道路都是石頭路，不是柏油路。當高跟鞋走在石子路上時，總會發出「喀喀喀」的悅耳聲音，清脆又好聽。每回坐在路旁的咖啡座喝咖啡、發呆時，喀喀喀的聲音總會把我拉回現實，並提醒自己：「我在巴黎了！」十幾年的品牌代理工作讓我了解歐洲人的優雅和氣質不是刻意營造的，而是由日常生活一景一物的氛圍慢慢凝聚出來的。迄今，這些工作帶給我的動人畫面，仍是我記憶中相當珍貴的吉光片羽。

從CAMPER、Masion Margiela一路至今，每年有接近二分之一的時間，我得穿梭於米蘭、巴黎、倫敦、東京等各大城市之間，除了參與各品牌的時裝大秀、跟各個代理品牌的相關部門與設計師開會討論，還要到各品牌的展示間挑選進駐團團的單品。

　　看似夢幻又多采多姿的行程，似乎更加說明時尚的確是一個富有夢想的產業，有幸能夠與夢想同行，對它，我自然是負有更大的使命與責任。

時尚其實是不斷在進行的動詞

　　對我來說，「時尚」從來就不只是一個單純的形容詞或名詞，而是一個不斷在進行的動詞。我清楚地知道自己在時尚產業裡所扮演的角色，是執行者、管理者，甚至是責無旁貸的推動者。

　　特別在台灣電子業逐步由加工代理嘗試走出自創品牌的經營格局時，許多人也很好奇，從事品牌代理多年的我，是否也有自創品牌的想法？還記得在一場應邀出席演講的場合，我便被問及：「代理之外，是否有想過自創品牌？做出來自台灣（Made in Taiwan）的驕傲？」我搖搖頭，斷然回答沒有，因為台灣離國際時尚產業還有一大段距離要走。

　　事實上，我的確曾經自創服裝品牌，在現今東區的名人巷有過一家時裝公司，同時我也是第一個在那裡開店的人。

　　然而那時的經歷，卻讓我清楚了解到台灣時裝產業人

才的缺乏。當時，我看到打版師傅非常專業，因為他們受
過扎實的基礎訓練，但是卻缺少國際觀。現在則有很多年
輕人從國外回來，有了初步的國際視野，然而個個都搶著
要做時裝設計師，沒人要從基礎的打版師、打樣師做起，
早期缺的那塊補齊了，但是基礎又沒有了。

　　因此對我而言，與其自創品牌，不如想辦法營造國內
的時尚環境。畢竟，台灣需要的不是更多速食文化，而是
更精緻的時尚品味，因為真正的時尚絕對不是膚淺的，不
是一種速食、用過即丟的概念。

　　跟歐美日相較，現今的台灣仍只能算有「時尚圈」，
而不算有「時尚界」，因為台灣的政府和民間並沒有整合
起來，沒有資源支持時尚領域，也缺乏完整的產業鏈。因
此，想要提升台灣時尚在國際舞台的能見度，還需要更進
一步的團結與整合。

　　舉例來說，日本政府會支持並贊助時尚設計師或意見
領袖到國外看秀，韓國更會請電子產業一同參與時尚大
秀，並以最新科技傳遞最新訊息。反觀台灣，不但整體的
流行趨勢落後歐美日各國四季，更別提爭取政府預算的可
行性。若想爭取國際注目的眼光，就只能由民間企業自行
想辦法，不但資源無法整合，也沒有計畫和組織，在這
樣的狀況下，所能獲得的回饋也就僅限於片面與短期的

效益。

　　台灣跟時尚相關的國際新聞報導也非常貧乏，內容往往局限於某個來自台灣的設計師在國際間獲獎，根本沒有時尚文化的報導意識。而那些設計師之所以能成為台灣之光，卻大多經過西方教育與文化的洗禮，才有比較充足的資源和發揮空間，更顯出台灣人才環境的貧瘠。

　　在講求創意的今日，在各行各業開始向時尚產業取經時，我們若想以軟實力在國際舞台上發光發熱，要做的不該是去爭取那些速食平價的品牌不斷來台灣設點，或是舉辦一些缺乏深度與內涵的購物（shopping）週活動，而是要從提升個人與整體的時尚素養開始，同時結合政府與民間的力量，才能創造出讓世界潮流人士都眼睛為之一亮的台灣時尚界。換句話說，做好基礎建設才是讓時尚價值凸顯的重要關鍵。

以時尚跨越政治藩籬進行外交

　　訪客當中不乏國際品牌重量級人物，包括LVMH集團旗下品牌紀梵希的CEO Fabrizio Malverdi先生及銷售總監（Sales Director）Nereo Friso先生、開雲集團巴黎世家的CEO James McArthur先生與商務總監（Commercial Director）Axel Keller先生、STAFF INTERNATIONAL集

團旗下 Maison Margiela 的 CEO Giovanni Pungetti 先生與商務總監 Joel Greer 先生、ONWARD LUXURY GROUP 旗下品牌 Jil Sander 的 CEO Alessandro Cremonesi 先生及批發總監（Wholesale Director）Nicola Eberl 女士等。

此外，Comme des Garçons 的總裁、川久保玲的先生 Adrian Joffe，自 2007 年 Joyce 離開台灣後就不曾再來過。同樣地，在相隔這麼多年後，Joffe 先生因為喜事國際而特地飛來台灣，幽默的他還說，對台灣最有印象的就是小籠包。

從這些重量級訪客的蒞臨便不難知道，我們除了一直在努力形塑台灣的時尚環境，讓台灣不至於淪為「時尚沙漠」外，也希望透過這樣的交流，為台灣進行另類的國民外交。更重要的是，我希望能散發出感染力，影響台灣的時尚產業，進而形成正面循環。

據我的觀察，未來十年，世界的時尚將往東方移動，整體而言，亞洲區的時尚產業將擁有無限的爆發力。同時，「年輕化」及「生活化」仍是最重要的主軸，因為時尚絕對脫離不了生活，甚至可以說，時尚的更高境界正是要融入生活。而我的使命之一，就是要讓喜事國際及團團精品深根台灣，與國際時尚共生共榮。

在這條漫長的路上，直到現在，我仍持續在學習，不敢鬆懈，即便 2015 年很榮幸能獲得「安永企業家獎」的肯定。然而，也因為晉升為「企業家」，讓我必須以更嚴謹的態度來看待自己。畢竟，經營事業最大的挑戰還是回到自己身上，只有要求自己隨時秉持開放的態度，才能不斷有所突破。

所有歷程都會是日後茁壯的養分

此外，讓自己隨時擁有時尚的態度及心境，也是相當重要的。

許多人在書信往返時，為了表示尊敬，便會以「您」作為敬稱。對於這樣的用字，我壓根就不喜歡，在我看來，用「您」來稱呼，無形之中就代表說話者的心態太過老氣。我之所以不願將「老」字常掛在嘴邊，並不代表我不願意面對老，而是不願意「心態老」。這也呼應了我對未來時尚走向「年輕化」的觀察。因此，想要從事時尚業，也必須將心態調整好。文字會影響人的思考，而時尚是與時俱進的，我對時尚的主張是「年輕的心」。

最後，我要強調並鼓勵所有的人，有夢想就一定要勇敢去追。我記得自己剛剛從學校邁入社會時，並不知道職場有許多潛規則，也不知道如何開拓人脈、占據資源，而

是在經歷挫折後才知道，人要學會適應規則，但更要學會堅守底線、展現自己的態度與價值。無論如何，凡走過必留下痕跡，這些歷程都將是未來成長茁壯的珍貴養分。

　　人生是自己的，你絕對有權決定要用怎樣的方式自信地活著，工作會讓你找到自我，也找到價值。希望所有有夢想的人，都能像我一樣，找到一份能投注並發掘自己熱情的志業，在其中，把夢想「做到」、「做好」、「做美」。

附錄　關於時尚的十五個分享

1. 五星級的水準，加上思想和品味就能成為六星級。
2. 創意和設計是從生活的經驗和需求累積而來。
3. 做生意，誠意重要，個人信用也很重要，到哪裡做事都只是靠著一個「誠」字。
4. 經驗和歷練的累積很重要，機會和事情的發生往往是水到渠成。
5. 不要被眼前的框框限制住，要飛起來往下看，才能看懂大局。
6. 有任何新的想法（idea）就是要把它用掉、用完，才會有新的東西再出現。
7. 花錢是數字，花時間也是數字，看你所選擇的數字是哪一種。
8. 有時就是要拋下一切、放下工作、放空抽離自己再回來，思考才會有進展，角度也才會有所不同。
9. 傳遞訊息跟新聞稿就像穿衣服一樣，要把衣服穿好再出去。
10. 對於主顧客的經營，就是要讓他們得到別人得不到的東西。
11. 在生活中和經營公司時，我不會用「大家」這個詞。我認為每個人的思想都是獨立和獨特的，當你的人生選擇用「大家」思考時，記得站在鏡子前面直視自己，看看你是否失去了獨特的眼神？

12. 對於時尚，人們從認識logo、追求潮流，到尋找自我風格，是一個學習的過程，跟學語言一樣，因此環境很重要，團團要做的就是為消費者創造環境跟氛圍。

13. 開店就像是歌舞團一樣，要有主角、配角、精采的故事，才會讓人覺得豐富好看。

14. 別搶店員的工作──讓他們為你服務，是逛名品店的一種禮貌。

15. 不要去想哪些衣服不好賣，要想為什麼公司會決定買？

ICON人物 BP1049

精準的奢華

台灣時尚教母馮亞敏的品味經營學

作　　　者／馮亞敏
文 字 整 理／洪明秀
校　　　對／吳淑芳
責 任 編 輯／鄭凱達
企 劃 選 書／簡翊茹
版　　　權／黃淑敏、翁靜如
行 銷 業 務／張倚禎、石一志

總 編 輯／陳美靜
總 經 理／彭之琬
發 行 人／何飛鵬
法 律 顧 問／台英國際商務法律事務所　羅明通律師
出　　　版／商周出版
　　　　　　臺北市104民生東路二段141號9樓
　　　　　　電話：(02) 2500-7008　傳真：(02) 2500-7759
　　　　　　E-mail: bwp.service @ cite.com.tw
發　　　行／英屬蓋曼群島商家庭傳媒股份有限公司　城邦分公司
　　　　　　臺北市104民生東路二段141號2樓
　　　　　　讀者服務專線：0800-020-299　24小時傳真服務：(02) 2517-0999
　　　　　　讀者服務信箱E-mail：cs@cite.com.tw
　　　　　　劃撥帳號：19833503　戶名：英屬蓋曼群島商家庭傳媒股份有限公司城邦分公司
訂 購 服 務／書虫股份有限公司客服專線：(02) 2500-7718；2500-7719
　　　　　　服務時間：週一至週五上午09:30-12:00；下午13:30-17:00
　　　　　　24小時傳真專線：(02) 2500-1990；2500-1991
　　　　　　劃撥帳號：19863813　戶名：書虫股份有限公司
　　　　　　E-mail: service@readingclub.com.tw
香港發行所／城邦（香港）出版集團有限公司
　　　　　　香港灣仔駱克道193號東超商業中心1樓
　　　　　　E-mail: hkcite@biznetvigator.com
　　　　　　電話：(852) 25086231　傳真：(852) 25789337
馬新發行所／城邦（馬新）出版集團
　　　　　　Cite (M) Sdn. Bhd.
　　　　　　41, Jalan Radin Anum, Bandar Baru Sri Petaling, 57000 Kuala Lumpur, Malaysia.
　　　　　　電話：(603) 9057-8822　傳真：(603) 9057-6622　E-mail: cite@cite.com.my

封面設計／三人制創
印　　　刷／鴻霖印刷傳媒股份有限公司
經 銷 商／聯合發行股份有限公司　電話：(02) 2917-8022　傳真：(02) 2911-0053
　　　　　　地址：新北市新店區寶橋路235巷6弄6號2樓

■2016年2月1日　初版1刷　　　　　　　　　　　　　　Printed in Taiwan

定價280元
ISBN 978-986-272-964-9

城邦讀書花園
www.cite.com.tw

國家圖書館出版品預行編目（CIP）資料

精準的奢華：台灣時尚教母馮亞敏的品味經
營學／馮亞敏著. -- 初版. -- 台北市：商周
出版：家庭傳媒城邦分公司發行, 2016.01
　　面；　　公分. --（ICON人物；BP1049）
ISBN 978-986-272-964-9（平裝）

1. 服飾業　2. 時尚　3. 職場成功法

488.9　　　　　　　　　　　104029057